ÁNGELO DESCUBRE EL OCÉANO

Albert Calbet
Instituto de Ciencias del Mar, CSIC
Barcelona, España
ISBN 9798343275292
Todas las imágenes fueron generadas por IA, utilizando DALL-E

ÍNDICE

1. El gran secreto de Pico el fitoplancton
2. Max el microbio y su trabajo invisible
3. Zoe el zooplancton y su gran aventura
4. La sardina y las ventajas de vivir en grupo
5. Tina el atún y su viaje por el océano
6. Sofía el tiburón y su papel en el mar
7. Marco la mantarraya y su suave deslizamiento
8. Hera la ballena jorobada y su sinfonía oceánica
9. Tara la tortuga marina y su gran migración
10. Luna la medusa y su danza en las corrientes
11. Puffy el pez globo y su gran sorpresa
12. Carlos el coral y su colorida comunidad
13. Kimi el alga gigante y su aventura en el bosque de kelp
14. Octavia el pulpo y su habilidad para camuflarse
15. Maribel la estrella de mar y su fuerza secreta
16. Conchita la vieira y su lucha contra la acidificación
17. Simón la esponja marina y su silencioso trabajo
18. Herminio el cangrejo ermitaño y el reto de las mareas
19. Dalia la pez abisal y su señuelo luminoso
20. Penny el pingüino y su aventura polar

1. EL GRAN SECRETO DE PICO EL FITOPLANCTON

El sol comenzaba a levantarse en el horizonte, arrojando rayos dorados sobre la superficie del océano. Bajo las olas, pequeñas criaturas flotaban justo debajo, absorbiendo la luz del sol. Entre ellas estaba Pico, un orgulloso miembro del fitoplancton. Aunque lo suficientemente pequeño como para ser invisible sin un microscopio, Pico guardaba un secreto importante, y estaba ansioso por compartirlo con el mundo. Cerca del fondo del océano, un pez Ángel recién nacido llamado Ángelo comenzaba a explorar su nuevo entorno. Se balanceaba en el agua, moviendo sus aletas con entusiasmo mientras contemplaba el brillante mar que lo rodeaba. Ángelo notó a Pico flotando en la luz del sol y nadó más cerca, curioso.

—¡Hola! ¿Quién eres? —preguntó Ángelo, con los ojos bien abiertos de asombro.

—Soy Pico, un organismo del fitoplancton —respondió Pico, su pequeño cuerpo flotando suavemente con la corriente—. Y aunque apenas puedas verme, soy una de las criaturas más importantes del océano.

Ángelo parpadeó.

—¿En serio? Pero eres tan... pequeño.

Pico sonrió con orgullo.

—¡El tamaño no importa! Hago algo muy especial, algo que ayuda a todo el océano e incluso a criaturas como tú. ¿Adivinas qué es?

Ángelo pensó por un momento.

—¿Nadas muy rápido?

—¡No! —dijo Pico, riendo.

—¿Comes a otras criaturas? —preguntó Ángel, recordando los peces que había visto moverse rápido por ahí.

Pico se rio entre dientes.

—No, no como a otras criaturas. ¡Yo fabrico mi propia comida a partir de la luz solar!

Ángelo inclinó la cabeza, confundido pero intrigado.

—¿Cómo fabricas comida a partir de la luz del sol?

—Se llama fotosíntesis —explicó Pico, hinchando el pecho con orgullo—. Uso la luz del sol, el agua y el dióxido de carbono para hacer mi propia comida, igual que las plantas en la tierra. ¡Y mientras hago comida, también produzco oxígeno, el mismo oxígeno que respiras!

Las aletas de Ángelo se agitaron con emoción.

—¿Esperas que te crea que tú haces el oxígeno que respiro?

—¡Así es! —dijo Pico—. De hecho, el fitoplancton como yo y las plantas terrestres producimos todo el oxígeno de la Tierra.

Ángelo abrió la boca de asombro.

—¡Es increíble! ¡No tenía idea! Entonces, ¿sin ti no podría respirar?

Pico asintió.

—¡Exactamente! Y no solo eso, somos el primer paso en la cadena alimentaria del océano. ¡Sin nosotros, todo el ecosistema marino colapsaría!

Ángelo nadó en círculos alrededor de Pico, su mente zumbando con toda la nueva información.

—¿Entonces tú haces oxígeno y comida para el océano? ¿Qué pasa después de que haces tu comida?

—Bueno —comenzó Pico—, después de que hago mi comida, criaturas como el zooplancton vienen y me comen. Luego, animales más grandes los comen a ellos, ¡y el ciclo continúa!

Ángelo se maravilló ante la idea.

—Entonces, ¿no solo produces oxígeno, sino que también eres la base de la red alimentaria?

—¡Así es! —respondió Pico, con una sonrisa radiante—. Incluso las criaturas más grandes, como las ballenas, dependen de pequeñas criaturas como yo para mantener la cadena alimentaria. Podemos ser pequeños, pero jugamos un papel enorme.

Ángelo sonrió.

—¡Guau, Pico! Eres el héroe del océano. ¡No tenía idea de que alguien tan pequeño pudiera ser tan importante!

Pico guiñó un ojo.

—Ese es mi gran secreto. No se trata del tamaño, sino del papel que juegas. Y mi papel es mantener el océano, y el mundo, con vida.

Mientras Ángelo nadaba para explorar más del océano, sintió una nueva sensación de asombro por todas las cosas pequeñas que antes no había notado. ¿Y Pico? Volvió a flotar bajo la luz del sol, feliz de seguir haciendo su importante trabajo, una diminuta respiración a la vez.

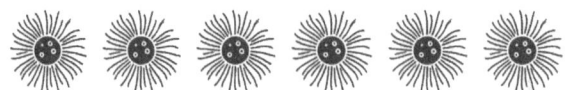

Lección de ecología

- El fitoplancton está compuesto por organismos microscópicos que realizan la fotosíntesis, al igual que las plantas, produciendo comida y oxígeno.

- Son la base de la red trófica marina, alimentando a criaturas pequeñas como el zooplancton, que a su vez alimenta a animales más grandes.

- El fitoplancton es responsable de producir el oxígeno que respiran todos los animales marinos, y juegan un papel vital en la salud de la atmósfera de nuestro planeta.

2. MAX EL MICROBIO Y SU TRABAJO INVISIBLE

Mientras Ángelo nadaba por el océano, maravillado por todas las criaturas que había conocido, notó algo extraño. El agua a su alrededor parecía vacía—sin corales coloridos, sin peces juguetones, solo agua abierta y clara. Confundido, se detuvo para mirar a su alrededor, preguntándose si estaba solo.

—¿Hola? ¿Hay alguien aquí? —llamó Ángelo, su voz resonando en el agua tranquila.

Una diminuta voz, apenas perceptible, respondió:

—¡Estoy aquí! Abajo, donde ocurre el trabajo real.

Ángelo miró a su alrededor, confuso.

—¡No te veo! ¿Quién eres?

La voz rio suavemente.

—No puedes verme, pero soy Max, un microbio marino. Soy una de las criaturas más pequeñas del océano, pero tengo un trabajo muy importante.

Ángelo parpadeó, tratando de entender.

—¿Un microbio? ¡He oído hablar del plancton y del zooplancton, pero no sabía que había criaturas incluso más pequeñas que ellos!

La voz de Max se llenó de orgullo.

—¡Así es! Soy incluso más pequeño que el fitoplancton que has conocido. Soy un microbio, y hay billones de nosotros en el océano. Somos invisibles al ojo humano, ¡pero siempre estamos aquí, trabajando en las sombras!

Ángelo nadó en un círculo lento, tratando de imaginar a criaturas tan diminutas haciendo algo en el vasto océano.

—Pero, ¿qué haces si eres tan pequeño?

La voz de Max se volvió emocionada.

—¡Los microbios somos el equipo de limpieza del océano! Cuando plantas y animales mueren, descomponemos sus restos, transformándolos en nutrientes que otras criaturas pueden usar. Esto se llama reciclaje de nutrientes. Sin nosotros, el océano estaría lleno de desechos y no habría suficientes nutrientes para que sobrevivan el plancton, los corales o incluso peces como tú.

Los ojos de Ángelo se agrandaron por la sorpresa.

—¿Reciclas nutrientes? ¡Eso suena muy importante! Entonces, ¿ayudas a alimentar a todo el océano?

—Exactamente —respondió Max con orgullo—. Cuando descomponemos plantas muertas, animales o incluso desechos, liberamos nutrientes como nitrógeno y fósforo de vuelta al agua. Esos nutrientes alimentan al fitoplancton, que inicia toda la cadena alimentaria. Sin nosotros, el océano no se mantendría saludable.

Ángelo nadó, pensativo.

—Entonces, aunque eres demasiado pequeño para verte, ¡te aseguras de que todo el océano tenga suficientes nutrientes para que todo siga funcionando!

La voz de Max se suavizó con calidez.

—¡Así es! Podemos ser pequeños, pero somos indispensables. También ayudamos a limpiar contaminantes y mantener el agua saludable. Algunos microbios incluso ayudan a crear oxígeno para que criaturas como tú puedan respirar. Puede que no recibamos mucha atención, ¡pero siempre estamos trabajando duro detrás de escena!

Ángelo sintió un nuevo respeto por Max.

—¡Vaya, Max! No tenía idea de que criaturas tan diminutas pudieran hacer tanto. ¡Son como los ayudantes invisibles del océano, manteniéndolo todo en equilibrio!

—¡Así es! Aunque somos invisibles, jugamos uno de los papeles más importantes en el océano. Desde el plancton más pequeño hasta la ballena más grande, ayudamos a mantener el ecosistema marino prosperando.

Ángelo sonrió.

—Gracias por enseñarme sobre tu trabajo, Max. ¡Nunca olvidaré lo importantes que son los microbios, aunque no pueda verlos!

Mientras Ángelo nadaba, se dio cuenta de que el océano estaba lleno de vida, tanto visible como invisible. Max, el diminuto pero esencial microbio, le había mostrado que incluso las criaturas más pequeñas jugaban un papel gigantesco en la salud del océano.

Lección de ecología

- Los microbios marinos son organismos microscópicos que juegan un papel fundamental en el reciclaje de nutrientes, descomponiendo plantas, animales y desechos muertos en el océano.

- Liberan nutrientes importantes como el nitrógeno y el fósforo de vuelta al agua, lo que ayuda a que crezca el fitoplancton y otras formas de vida marina.

- Aunque son invisibles, los microbios son una parte clave del ecosistema del océano, asegurando que la vida pueda prosperar en todos los niveles.

3. ZOE EL ZOOPLANCTON Y SU GRAN AVENTURA

Profundo bajo las olas, donde la luz del sol aún brillaba, pero la vida empezaba a ser un poco más salvaje, vivía Zoe, una pequeña pero aventurera miembro del zooplancton. Zoe no era cualquier zooplancton—era parte de un ejército de diminutas criaturas que pasaban sus días a la deriva con las corrientes y sus noches subiendo a la superficie en busca de comida.

Una noche, mientras Zoe flotaba, notó a Ángelo el pez, que todavía nadaba explorando su nuevo mundo. Ángelo reconoció a Zoe desde lejos y nadó hacia ella con emoción.

—¡Hola! Eres una de esas criaturas que se comen a Pico, ¿verdad? —preguntó Ángelo, recordando su conversación con el pequeño fitoplancton.

Zoe sonrió, su diminuto cuerpo brillando a la luz del atardecer.

—¡Así es! Soy un organismo del zooplancton, y me encanta devorar a Pico y a todos sus amigos fitoplanctónicos.

Ángelo inclinó la cabeza, con sus aletas moviéndose con curiosidad.

—Entonces, ¿eres como el siguiente paso en la cadena alimentaria?

—¡Lo has entendido! —dijo Zoe, orgullosa—. El fitoplancton hace comida a partir de la luz del sol, y yo me los como para obtener la energía que necesito para sobrevivir. Luego, criaturas como tú podrían comerme a mí, y así es como la energía se mueve a través del océano.

Ángelo parpadeó.

—¡Pero tú también eres tan pequeña! ¿Cómo puede algo tan pequeño ser importante?

—El tamaño no lo es todo en el océano. Hay billones de nosotros y hacemos un trabajo muy importante. Sin nosotros, la energía que el fitoplancton produce nunca llegaría a los animales más grandes. ¡Somos el puente entre lo pequeño y lo grande!

Mientras flotaban juntas, Zoe de repente se lanzó hacia arriba.

—¡Ven conmigo! Hay algo realmente genial que quiero mostrarte.

Ángelo, siempre listo para una aventura, siguió a Zoe mientras ella subía hacia la superficie. A medida que nadaban más arriba, el agua se llenó de miles—no, millones—de diminutas criaturas como Zoe.

—Esto —dijo Zoe con un gesto teatral— es lo que llamamos la migración vertical diaria. ¡Es la migración más grande del mundo, y sucede todas las noches!

Los ojos de Ángelo se abrieron de par en par con asombro.

—¿Qué es eso? ¿Por qué todos suben a la superficie?

Zoe giró alrededor, mostrando la multitud masiva de zooplancton.

—Durante el día, nos quedamos en lo profundo del agua para escondernos de los depredadores. Pero cuando el sol se pone, subimos a la superficie para alimentarnos de fitoplancton. ¡Así podemos comer sin preocuparnos de que nos coman!

Ángelo jadeó.

—¡Guau! Entonces, ¿cada noche subes a la superficie con todos tus amigos?

—¡Así es! —asintió Zoe—. El zooplancton es una fuente de alimento importante para muchas criaturas, como peces, medusas y ballenas, así que tenemos que ser cuidadosos. Al subir por la noche, estamos más seguros de los grandes depredadores que cazan valiéndose de la vista.

Mientras flotaban entre el enjambre de zooplancton, Ángelo notó destellos de luz a su alrededor.

—¿Qué es eso? —preguntó, con los ojos muy abiertos.

—¡Oh, esa es una de las cosas más increíbles de algunos de nosotros! —dijo Zoe, brillando de orgullo—. Algunos miembros del zooplancton, como ciertos copépodos y pequeñas medusas, pueden producir luz. Se llama bioluminiscencia, y la usamos para confundir a los depredadores.

Ángelo se maravilló ante los pequeños destellos de luz que bailaban a su alrededor.

—¡Es increíble! Entonces, no solo eres comida, ¡tienes todo tipo de trucos bajo la manga!

Zoe sonrió.

—¡Exactamente! Podemos ser pequeños, pero somos ingeniosos. Y sin nosotros, la red alimentaria del océano colapsaría. Somos un eslabón clave entre el fitoplancton y los animales más grandes como los peces, las aves marinas e incluso las ballenas.

Ángelo pensó por un momento.

—Entonces, ¿estás diciendo que todo en el océano está conectado? Aunque eres pequeña, ¿eres realmente importante?

Zoe asintió.

—¡Así es! En el océano, cada criatura juega un papel. Desde el plancton más diminuto hasta la ballena más grande, todos formamos parte del mismo ecosistema. Y sin el zooplancton como yo, muchos animales no tendrían nada que comer.

Ángelo sonrió.

A medida que avanzaba la noche y el océano a su alrededor brillaba suavemente con la luz de incontables criaturas bioluminiscentes, Ángelo sintió un nuevo respeto por su pequeña amiga.

—Gracias por mostrarme tu mundo, Zoe —dijo Ángelo—. No tenía idea de que el océano estuviera tan lleno de vida, ¡especialmente vida que ni siquiera podía ver!

Zoe guiñó un ojo.

—Siempre hay más por descubrir en el océano. Solo tienes que mirar con atención. Recuerda, incluso las criaturas más pequeñas pueden marcar la mayor diferencia.

Mientras descendían lentamente de nuevo a las profundidades, Zoe saludó con la antena, ansiosa por continuar su noche de festín. Ángelo nadó, su cabeza llena de nuevas preguntas y maravillas sobre el vasto, interconectado mundo oceánico que apenas comenzaba a entender.

Lección de ecología

- El zooplancton está formado por pequeños animales que se alimentan de fitoplancton y constituyen un vínculo crucial en la red trófica del océano.

- Cada noche, miles de millones de organismos del zooplancton participan en la migración vertical diaria, subiendo a la superficie para alimentarse y regresando a las profundidades durante el día para evitar a los depredadores.

- Los integrantes del zooplancton son una fuente de alimento esencial para muchos animales marinos, incluidos los peces, las ballenas y las aves marinas.

4. FELIPE LA SARDINA Y LAS VENTAJAS DE VIVIR EN GRUPO

Los rayos del sol danzaban en la superficie del agua mientras Ángelo nadaba, todavía pensando en todas las increíbles criaturas que había conocido en el océano. Había aprendido sobre Pico el fitoplancton, Max el microbio, y Zoe el zooplancton. Cada encuentro había abierto sus ojos a lo interconectado que estaba el océano.

Mientras nadaba a través del arrecife, Ángelo notó una nube plateada que se movía rápidamente por el agua. Intrigado, se acercó y se dio cuenta de que no era una nube en absoluto—era un gigantesco banco de peces, todos moviéndose en perfecta armonía, girando a la izquierda y a la derecha como si fueran una sola criatura.

Ángelo estaba fascinado. Nadó más cerca del banco, intentando seguir el ritmo de sus movimientos. Fue entonces cuando uno de los peces se separó del grupo y nadó hacia él. Sus escamas brillaban a la luz del sol mientras saludaba a Ángelo con un amistoso movimiento de aleta.

—¡Hola! Soy Felipe, una sardina. ¿Qué te trae a esta parte del océano?

Ángelo sonrió al nuevo pez.

—¡Hola, soy Ángelo! He estado conociendo a tantas criaturas asombrosas en el océano, ¡y nunca antes había visto algo como tu grupo! ¿Cómo hacéis para nadar juntos así?

—Ah, esa es la maravilla de los bancos de peces. Sardinas como yo viajamos en grandes grupos llamados bancos para mantenernos a salvo de los depredadores. Es una estrategia de supervivencia. Cuando nadamos en un banco, es más difícil para un depredador decidirse por uno solo de nosotros.

Ángelo parpadeó, asombrado.

—¡Guau! Entonces, ¿todos se protegen simplemente quedándose juntos?

—¡Exactamente! —dijo Felipe, moviendo su cola con orgullo—. Cuando un depredador, como un tiburón o un delfín, viene tras nosotros, nos movemos como uno solo. Eso los confunde, haciéndoles difícil saber dónde atacar. Además, hay seguridad en los números: si todos nadamos juntos, las posibilidades de que uno de nosotros sea atrapado son menores.

Ángelo asintió, pensando en lo inteligente que era eso.

—¡Qué listo! Pero, ¿cómo saben cuándo girar o moverse juntos? ¡Parece que están todos conectados!

Felipe soltó una pequeña risa.

—Parece magia, pero en realidad es bastante simple. Prestamos mucha atención a los peces que están a nuestro alrededor. Cuando un pez gira, los demás lo siguen, y sucede tan rápido que parece que nos movemos como uno solo. Todo es cuestión de coordinación y de estar atentos a nuestros vecinos.

Ángelo nadó en círculos alrededor de Felipe, imaginando lo que se sentiría nadar en esa perfecta sincronía.

—¡Eso es increíble! Entonces, tu banco os ayuda a estar a salvo de los depredadores, pero ¿qué hacen cuando no os están persiguiendo?

—Bueno —dijo Felipe—, también nos agrupamos para encontrar comida. Los bancos de sardinas a menudo nadan por el océano buscando plancton para comer. Cuando encontramos un buen lugar, todos nos sumergimos y comenzamos a alimentarnos. Es como una gran fiesta con mucha comida para todos.

Ángelo pensó por un momento.

—Entonces, os mantenéis juntos para protegerse, y también encontráis comida juntos. ¿Qué más hace tu banco?

Felipe asintió pensativo.

—Nuestros bancos también nos ayudan a migrar. Al igual que las tortugas marinas, las sardinas viajamos largas distancias, pero lo hacemos en grupo. Nadar juntos hace que sea más fácil movernos con las corrientes y encontrar nuevos lugares de alimentación. Además, nos ayudamos mutuamente creando pequeñas corrientes que facilitan nadar, ¡así no nos cansamos tanto!

Ángelo estaba impresionado.

—¡Vaya, Felipe! Tú y tus compañeros de banco habéis encontrado una manera de sobrevivir en el océano. No me di cuenta de lo importante que era mantenerse unidos.

Felipe sonrió.

—¡Esa es la fuerza del trabajo en equipo! En el océano, todo se trata de cooperación. Ya seas una sardina pequeña o una ballena gigante, trabajar juntos es la mejor manera de mantenerse a salvo, encontrar comida y asegurarse de que todos sobrevivan.

Ángelo nadó junto a Felipe por un rato, observando cómo las otras sardinas se movían suavemente a través del agua, sin perder nunca el ritmo. Pudo ver lo importante que era para ellos mantenerse conectados.

—¿Y qué pasa si te separas del banco? —preguntó Ángelo.

La sonrisa de Felipe se desvaneció un poco.

—Bueno, puede ser peligroso. Sin la protección del banco, un pez como yo sería un blanco fácil para los depredadores. Por eso intentamos permanecer juntos tanto como sea posible. Pero si uno de nosotros se separa, generalmente encontramos otro banco al que unirnos.

Ángelo asintió, entendiendo ahora lo vital que era para Felipe y sus amigos permanecer juntos.

—Parece que tu banco es como una familia.

—Exactamente. Nos cuidamos mutuamente, y juntos sobrevivimos. En el océano, la vida se trata de equilibrio. Algunas criaturas cazan, y otras son cazadas, pero cuando trabajamos juntos, todos tenemos más posibilidades de sobrevivir.

Justo entonces, el banco de sardinas hizo un giro repentino y Felipe se apresuró a unirse a ellos. Ángelo los vio alejarse rápidamente, sus cuerpos plateados brillando a la luz del sol.

—¡Cuídate, Ángelo! —gritó Felipe—. ¡Recuerda, hay fuerza en los números!

Mientras Felipe desaparecía en la brillante masa de su banco, Ángelo no pudo evitar sentirse inspirado por lo que había aprendido. El océano estaba lleno de estrategias increíbles para la supervivencia, y cada criatura tenía su propia manera de prosperar.

Ángelo nadó, su mente zumbando con nuevas ideas. Cuanto más aprendía sobre el océano, más se daba cuenta de lo conectado que estaba todo. Y ahora, gracias a Felipe, sabía que incluso los peces más pequeños podían marcar una gran diferencia cuando trabajaban juntos.

Lección de ecología

- Agruparse en bancos es una estrategia de supervivencia utilizada por los peces como las sardinas para confundir a los depredadores y reducir las posibilidades de ser capturados.

- Los bancos también ayudan a los peces a encontrar comida de manera más eficiente y hacen que las largas migraciones sean más fáciles al permitirles nadar con menos esfuerzo.

- Los peces en los bancos confían en la coordinación, utilizando movimientos rápidos y prestando atención a sus vecinos para mantenerse juntos.

- En el océano, la cooperación y el trabajo en equipo son estrategias clave de supervivencia para muchas especies, desde peces hasta grandes animales marinos.

5. TINA EL ATÚN Y SU GRAN VIAJE POR EL OCÉANO

Mientras Ángelo nadaba a través del vasto océano, se maravillaba de lo diferente que se sentía en comparación con el arrecife y la costa. Las aguas eran profundas, las corrientes eran fuertes, pero algo se movía rápidamente a lo lejos, captando su atención. Era un pez esbelto y plateado, cortando el agua con velocidad y gracia. Ángelo se apresuró para alcanzarlo.

—¡Hola! —llamó Ángelo—. ¡Eres muy rápida! ¿Quién eres?

El pez plateado desaceleró un poco y se giró, revelando un cuerpo fuerte y aerodinámico.

—¡Hola! Soy Tina, un atún. ¡Encantada de conocerte!

Ángelo nadaba junto a Tina, aún sorprendido por su velocidad.

—¡Eres increíble! Nunca había visto un pez moverse así. ¿Cómo nadas tan rápido?

Tina sonrió, sus aletas cortando el agua sin esfuerzo.

—Los atunes como yo estamos diseñados para la velocidad. Somos algunos de los nadadores más rápidos del océano. Mi cuerpo tiene forma de torpedo, y mis fuertes músculos me ayudan a recorrer largas distancias rápidamente. Debo ser rápida para perseguir a los bancos de peces de los que nos alimentamos, como las sardinas y las caballas.

Los ojos de Ángelo se agrandaron.

—¿Persigues otros peces? ¡Debe ser agotador! ¿A dónde nadas?

Tina movió su cola con facilidad.

—Los atunes somos peces migratorios, lo que significa que viajamos a lo largo de vastas áreas del océano. Seguimos las corrientes y la comida, a veces nadando miles de kilómetros cada año. Nuestras vidas se tratan de movimiento, velocidad y resistencia.

Ángelo nadó en círculos alrededor de Tina, impresionado por su fuerza.

—¡Debes ver mucho del océano! Pero suena como una vida difícil, siempre en movimiento.

Tina asintió.

—Puede ser difícil, pero estamos adaptados para ello. Los atunes estamos en la cima de la cadena alimentaria, así que ayudamos a mantener el equilibrio de las poblaciones de peces. Comemos mucho, pero también somos alimento para depredadores más grandes como los tiburones e incluso los humanos. Todo forma parte de la red alimentaria del océano.

Ángelo hizo una pausa.

—¿Humanos? He oído hablar de ellos, pero no sabía que los atunes también eran parte de su comida.

La expresión de Tina se volvió reflexiva.

—Sí, a los humanos les gusta mucho comer atún, pero a veces pescan demasiados de nosotros. La sobrepesca es un gran problema. Si capturan demasiados atunes, puede desequilibrar el océano. Por eso algunas personas están trabajando en formas de pescar de manera más sostenible, para que haya suficientes atunes en el océano para las generaciones futuras.

Las aletas de Ángelo se movieron inquietas.

—¡La sobrepesca suena peligrosa! ¿Qué se puede hacer para ayudar a proteger a los atunes como tú?

Tina nadaba con gracia, su voz tranquila pero firme.

—La gente está estableciendo límites en la cantidad de atunes que se pueden capturar cada año. También están trabajando en hacer que las prácticas de pesca sean más seguras, para que no dañen a otros animales como los delfines y las tortugas marinas. Es importante que los humanos pesquen de manera responsable, para que los ecosistemas del océano se mantengan saludables.

Ángelo nadó más cerca, su mente llena de preguntas.

—No solo eres una nadadora rápida, ¡eres una especie clave en el océano! No sabía lo importantes que eran los atunes.

Tina sonrió con calidez.

—Así es, Ángelo. Los atunes podemos ser conocidos por nuestra velocidad, pero también jugamos un gran papel en la red alimentaria del océano. Todo se trata de equilibrio: si una especie desaparece, afecta a todo el ecosistema. Por eso es tan importante proteger el océano y a las criaturas que viven en él.

Ángelo asintió pensativo.

—Me aseguraré de contarle a los demás lo importante que es proteger a los atunes y pescar de manera responsable. ¡El océano necesita nadadores fuertes como tú para mantener todo en equilibrio!

Mientras Ángelo nadaba alejándose, sintió un nuevo respeto por el océano abierto y las increíbles criaturas que lo habitaban. Tina, el rápido y poderoso atún, le había mostrado que la salud del océano dependía del equilibrio, la velocidad y la resistencia, no solo para la supervivencia, sino para que todo el ecosistema prosperara.

Lección de ecología

- Los atunes son peces rápidos y migratorios que viajan largas distancias a través del océano para encontrar comida.

- Juegan un papel crucial en la red alimentaria del océano, comiendo peces más pequeños y siendo presas de depredadores más grandes.

- Los atunes son importantes para los humanos como fuente de alimento, pero la sobrepesca puede amenazar sus poblaciones y desequilibrar el ecosistema marino.

- Las prácticas de pesca sostenibles, como los límites de captura, son esenciales para mantener poblaciones saludables de atunes y un océano equilibrado.

6. SOFÍA LA TIBURÓN Y SU PAPEL EN EL MAR

El océano estaba en calma mientras Ángelo el pez nadaba a través del arrecife, todavía pensando en todas las increíbles criaturas que había conocido. Los rayos del sol comenzaban a desvanecerse, proyectando largas sombras sobre el coral, y Ángelo sentía una sensación de asombro mientras el mundo submarino se transformaba lentamente del día a la noche.

De repente, notó una gran figura esbelta deslizándose silenciosamente por el agua. Su poderoso cuerpo se movía con gracia, y aunque era mucho más grande que Ángelo, no parecía amenazante. Ángelo sintió una mezcla de asombro y curiosidad cuando la criatura se acercó. Era un tiburón.

Los ojos del tiburón notaron a Ángelo, y con un leve movimiento de su cola, nadó suavemente hacia él. Sofía, un elegante tiburón de arrecife, no era el peligroso depredador que muchos pensaban. Sonrió cálidamente a Ángelo.

—Hola —dijo Sofía con una voz calmada y profunda—. No te preocupes, no estoy aquí para comerte.

Ángelo suspiró aliviado.

—¡Hola! Nunca había conocido a un tiburón antes. ¿De verdad no me vas a comer?

Sofía se rio suavemente.

—No, pequeño. Los tiburones no siempre están cazando. De hecho, jugamos un papel mucho más importante en el océano que solo cazar presas. Seguramente has escuchado historias sobre lo peligrosos que somos, pero no somos los villanos del mar.

Ángelo nadó junto a Sofía, intrigado.

—¿De verdad? Siempre pensé que los tiburones eran aterradores. Entonces, ¿cuál es tu papel en el océano?

Los ojos de Sofía brillaron mientras nadaba con gracia alrededor de Ángelo.

—Soy un depredador ápice, lo que significa que estoy en la cima de la cadena alimentaria. Mi trabajo es mantener el equilibrio en el océano. Al cazar peces más débiles o enfermos, ayudo a controlar la población de diferentes especies. Esto asegura que ninguna especie domine y que el ecosistema se mantenga saludable.

Ángelo asintió lentamente, pensando.

—Entonces, ¿al cazar en realidad estás ayudando a otros animales a sobrevivir?

—Así es —respondió Sofía— Imagina si hubiera demasiados pocos como los que ves alrededor del arrecife. Comerían demasiado zooplancton, corales y animales pequeños, y eso desequilibraría todo el ecosistema. Mi papel es asegurarme de que eso no ocurra.

Ángelo estaba sorprendido.

—¡Vaya! Nunca lo había pensado de esa manera. Entonces, ¿eres como la protectora del océano?

Sofía asintió con orgullo.

—De alguna manera, sí. Al mantener las poblaciones de peces bajo control, protejo todo el ecosistema. Y no se trata solo de cazar. A veces, solo mi presencia en una zona es suficiente para hacer que otros animales se comporten de manera diferente. Por ejemplo, cuando los peces saben que estoy cerca, no se comen demasiado de los pastos marinos. Esto ayuda a que estos se mantengan saludables, lo que es importante para muchas otras especies.

Los ojos de Ángelo se abrieron de par en par.

—Entonces, ¿solo por estar aquí, ayudas a mantener el equilibrio?

Sofía sonrió.

—Exactamente. Mi papel no es solo atrapar presas. También ayudo a mantener bajo control a otros depredadores. Si hubiera demasiados depredadores medianos, como rayas o meros, se comerían demasiados peces pequeños, lo que causaría problemas en el ecosistema. Al controlar su número, mantengo el equilibrio en todos los niveles de la cadena alimentaria.

Ángelo pensó por un momento.

—Pero he escuchado que muchos tiburones están en peligro porque la gente los caza porque les tiene miedo. ¿Es verdad?

La cara de Sofía se volvió seria.

—Sí, lamentablemente, es verdad. Muchos tiburones son cazados por los humanos, ya sea por sus aletas, por deporte o porque las personas nos temen. Esto es un gran problema, porque sin tiburones, todo el ecosistema oceánico podría verse afectado. Estamos en peligro en muchas partes del mundo debido a la sobrepesca y la pérdida de hábitat.

Ángelo sintió una punzada de preocupación.

—Pero si los tiburones como tú son tan importantes, ¿qué pasaría si no quedaran suficientes?

Sofía nadaba lentamente, su poderoso cuerpo cortando el agua con suavidad.

—Si los tiburones desaparecen, las poblaciones de peces podrían salirse de control. Comerían más animales pequeños y plantas, lo que podría destruir hábitats como los arrecifes de coral y las praderas marinas. Sin depredadores que mantengan el equilibrio, todo el ecosistema colapsaría.

Las aletas de Ángelo se movieron nerviosas.

—¡Eso suena terrible! ¿Qué se puede hacer para ayudarte?

Sofía sonrió suavemente, conmovida por la preocupación de Ángelo.

—Muchas personas están trabajando para proteger a los tiburones ahora. Se están creando áreas marinas protegidas donde no se permite la pesca, y se están aprobando nuevas leyes para detener la sobrepesca y la práctica dañina de cortar nuestras aletas. La educación también es clave. Si las personas entienden que los tiburones no somos depredadores sin sentido, sino partes importantes de los ecosistemas del océano, serán más propensas a ayudarnos a protegernos.

Ángelo sintió una sensación de responsabilidad creciendo dentro de él.

—Voy a contarle a todos los que conozca que los tiburones como tú son importantes para el océano. ¡No son aterradores, son los guardianes del océano!

Los ojos de Sofía brillaron con gratitud.

—Gracias, Ángelo. El océano necesita a todas sus criaturas, grandes y pequeñas, para trabajar juntas. Los tiburones podemos estar en la cima de la cadena alimentaria, pero cada criatura tiene un papel que desempeñar para mantener nuestro mundo saludable.

Mientras Sofía continuaba su elegante patrullaje alrededor del arrecife, Ángelo la observó con nuevo respeto. Las historias que había escuchado sobre lo aterradores que eran los tiburones no parecían coincidir con la realidad del papel de Sofía en el océano. Ángelo entendió ahora que cada criatura, incluso aquellas con dientes afilados, jugaba un papel en el delicado equilibrio del ecosistema marino.

Lección de ecología

- Los tiburones están en la cima de la cadena alimentaria y juegan un papel crucial en el mantenimiento del equilibrio de los ecosistemas marinos.

- Al controlar las poblaciones de otras especies, los tiburones evitan la sobreexplotación de hábitats como los arrecifes de coral y los lechos de pastos marinos, que son vitales para la salud del océano.

- La presencia de tiburones puede crear una ecología del miedo, influenciando el comportamiento de otros animales y previniendo que se alimenten en exceso de hábitats importantes.

- Los tiburones enfrentan serias amenazas debido a la sobrepesca, la pérdida de hábitat y la práctica de cortar sus aletas para el consumo humano, lo que pone en peligro tanto a sus poblaciones como a la salud general del océano.

7. MARCO LA MANTARRAYA Y SU SUAVE DESLIZAMIENTO

El océano estaba en calma mientras Ángelo nadaba por las aguas claras y azules, con su mente llena de pensamientos sobre las asombrosas criaturas que había conocido hasta ahora. Había visto fitoplancton, sardinas, atunes y hasta tiburones poderosos. Pero ese día, mientras exploraba una nueva parte del océano, vio algo grande y elegante deslizándose a través del agua.

Era diferente a todo lo que había visto antes: sus enormes aletas parecían alas, moviéndose suavemente mientras volaba bajo el agua como un pájaro en el cielo. Marco, una gentil mantarraya, se deslizaba tranquilamente por el agua, con su amplio cuerpo proyectando una sombra sobre el fondo arenoso del océano.

Ángelo se quedó asombrado ante la vista y nadó rápidamente para ponerse a su lado.

—¡Hola! ¡Eres asombroso! ¿Qué eres? —preguntó Ángelo emocionado.

Marco giró ligeramente la cabeza y sonrió, sus grandes ojos oscuros brillando.

—Hola, pequeño. Soy una mantarraya. Me llamo Marco, y solo estoy disfrutando de un tranquilo paseo. ¿Qué te trae por aquí?

—Soy Ángelo —dijo el pequeño pez, aún maravillado por el tamaño de Marco—. He estado aprendiendo sobre todas las criaturas del océano, ¡pero nunca he visto nada como tú! ¡Eres enorme, pero pareces tan tranquilo!

Marco se rio suavemente.

—Sí, puede que sea grande, pero soy muy pacífico. Las mantarrayas somos filtradoras. No cazamos otros animales. En lugar de eso, nos deslizamos por el agua, filtrando plancton y pequeños peces para comer.

Los ojos de Ángelo brillaron.

—¿Te alimentas de plancton? ¡Como Pico y Zoe!

—Así es —respondió Marco—. Formo parte de la gran red alimentaria del océano, pero de una manera muy pacífica. Abro mi boca grande y, mientras nado, dejo que el agua fluya a través de ella, atrapando el plancton y las pequeñas criaturas que hay en su interior. Es una forma sencilla, pero eficaz, de alimentarme.

Ángelo nadó en círculos alrededor de Marco, fascinado por su enorme y elegante cuerpo.

—¡Eres como una gran aspiradora que recoge el plancton!

Marco se rio suavemente, sus enormes aletas moviéndose con gracia mientras giraba.

—¡Podrías decir eso! Las mantarrayas ayudamos a mantener el agua limpia alimentándonos de plancton, que puede crecer en grandes cantidades si no se controla. Al comer plancton, jugamos un papel importante en mantener el equilibrio del océano.

Ángelo pensó por un momento.

—He oído mucho sobre lo importante que es mantener el equilibrio en el océano. Todas las criaturas que he conocido tienen su propio papel especial. ¿Qué más hacen las mantarrayas para ayudar al océano?

Marco sonrió mientras se deslizaba suavemente por el agua.

—Las mantarrayas somos conocidas por nuestras largas migraciones, igual que las tortugas marinas. Viajamos grandes distancias a través del océano, y al hacerlo, ayudamos a reciclar nutrientes. Mientras nos movemos de una parte del océano a otra, llevamos nutrientes en nuestros cuerpos, ayudando a distribuirlos por el mar.

—¿Reciclar nutrientes? —preguntó Ángelo, intrigado.

—Sí —explicó Marco—. Cuando los animales migramos, llevamos nutrientes de un lugar a otro, lo que ayuda a sostener la vida en diferentes partes del océano. Esto es especialmente importante en áreas donde los nutrientes son escasos. Al repartirlos, ayudamos al crecimiento del plancton, que a su vez alimenta a otras criaturas del océano.

Las aletas de Ángelo temblaban de emoción.

—¡Eso es increíble! Entonces, simplemente nadando y comiendo, ¿ayudas a todo el océano?

Marco asintió.

—Así es. El océano está lleno de conexiones, y cada criatura tiene su propio papel, incluso las que parecen no hacer mucho. Solo al deslizarme por el agua y alimentarme, ayudo a mantener saludables los ecosistemas del océano.

Ángelo se sorprendió al descubrir lo importante y pacífico que era Marco.

—Eres como un guardián del océano, manteniéndolo limpio y saludable.

Marco sonrió suavemente.

—Gracias, Ángelo. Me gusta pensar en mí mismo como un gigante amable, haciendo mi parte para mantener el océano en marcha. Pero, por desgracia, las mantarrayas como yo también enfrentamos amenazas.

Las aletas de Ángelo se detuvieron.

—¿Qué tipo de amenazas?

—Bueno —comenzó Marco—, a menudo quedamos atrapados accidentalmente en redes de pesca, y muchas personas nos cazan por nuestras agallas, porque creen que tienen propiedades medicinales. También estamos amenazados por la destrucción de nuestros hábitats y la contaminación.

Ángelo sintió una tristeza en su interior.

—¡Eso no es justo! Eres una criatura tan pacífica y ayudas a mantener el océano saludable. ¿Hay algo que la gente pueda hacer para protegerte?

Marco asintió.

—Sí, la gente está trabajando para proteger a las mantarrayas creando áreas marinas protegidas donde la pesca está restringida y concienciando sobre la importancia de la conservación. Cuanto más aprenda la gente sobre lo importantes que somos para el océano, más querrán ayudarnos a protegernos.

Ángelo nadó al lado de Marco por un rato, admirando al gigante pacífico.

—Me has enseñado tanto, Marco. Nunca supe lo importantes que son las mantarrayas. ¡Me aseguraré de contar a otros sobre ti y el papel que juegas en mantener el océano saludable!

Marco sonrió cálidamente.

—Gracias, Ángelo. Cada pequeño esfuerzo ayuda. El océano es un lugar maravilloso y lleno de vida, y todos dependemos unos de otros para mantenerlo próspero.

Mientras Marco continuaba su suave deslizamiento por el agua, Ángelo le dijo adiós, sintiéndose más conectado con el océano que nunca. Había aprendido que incluso las criaturas más grandes podían ser gentiles, y que cada animal, grande o pequeño, tenía un papel que desempeñar en mantener el océano saludable.

Lección de ecología

- Las mantarrayas son filtradoras que se alimentan de plancton y pequeños peces al dejar que el agua fluya a través de sus bocas mientras nadan.

- Las mantarrayas juegan un papel importante en el reciclaje de nutrientes, ayudando a distribuirlos a lo largo del océano durante sus largas migraciones.

- Al alimentarse de plancton, las mantarrayas ayudan a mantener el equilibrio de los ecosistemas del océano, previniendo el crecimiento excesivo de plancton que podría dañar la calidad del agua.

- Las mantarrayas enfrentan amenazas por la pesca, la destrucción de hábitats y la contaminación, pero los esfuerzos de conservación están ayudando a protegerlas.

8. HERA LA BALLENA JOROBADA Y SU SINFONÍA OCEÁNICA

El océano estaba tranquilo y en paz mientras Ángelo nadaba por las profundas aguas azules, cuando escuchó algo en la distancia. Era un sonido bajo y melódico, casi como música, que resonaba a través del agua. Curioso, Ángelo nadó hacia el sonido, su pequeño corazón latiendo de emoción. Había oído muchos sonidos diferentes en el océano, pero nunca algo como esto.

A medida que se acercaba, los ojos de Ángelo se abrieron con asombro. Delante de él había una de las criaturas más majestuosas que había visto: una enorme ballena jorobada, cuyo largo y grácil cuerpo se movía suavemente por el agua. El sonido que Ángelo había escuchado provenía de la ballena, que estaba cantando una hermosa y misteriosa canción que llenaba el océano a su alrededor.

Los grandes ojos de la ballena notaron que Ángelo se acercaba, y detuvo su canto para saludar al pequeño pez.

—Hola, pequeño viajero. Mi nombre es Hera, y soy una ballena jorobada. ¿Qué te trae a esta parte del océano? —dijo la ballena con una voz profunda y tranquila.

Ángelo estaba asombrado por el tamaño y la belleza de Hera.

—¡Hola! Soy Ángelo. Nunca había escuchado nada como tu canción antes, ¡es increíble! ¿Qué es?

Hera sonrió suavemente, moviendo con gracia su enorme cola detrás de ella.

—Gracias, Ángelo. Esa era mi canción de ballena. Las ballenas jorobadas como yo cantamos estas canciones por muchas razones. A veces cantamos para comunicarnos con otras ballenas, y otras veces cantamos solo para expresarnos. Nuestras canciones pueden viajar kilómetros a través del agua, y cada una es única.

Ángelo nadó más cerca, con los ojos llenos de asombro.

—¿Cantas para hablar con otras ballenas? ¡Es increíble! ¿Qué os decís?

—Bueno —explicó Hera—, nuestras canciones se pueden usar para encontrar pareja, para señalar dónde estamos o incluso para avisar sobre buenos lugares de alimentación. Pero también cantamos para fortalecer nuestro vínculo con otras ballenas. Es una forma de mantenernos conectadas, incluso cuando estamos lejos unas de otras.

Ángelo se maravillaba con la idea.

—¡Así que sois como los músicos del océano! Eso es tan bonito. Pero, ¿cómo haces esos sonidos?

Hera sonrió suavemente.

—Nuestras canciones provienen de lo más profundo de nosotras. Usamos sacos de aire especiales en nuestros cuerpos para empujar el aire a través de nuestras cuerdas vocales, creando esos sonidos largos y resonantes. Es algo único de las ballenas, y llevamos millones de años cantando.

Ángelo estaba fascinado por el talento de esa gentil gigante.

—No tenía ni idea de que las ballenas podían cantar así. ¿Qué más hacen las ballenas jorobadas?

Hera sonrió amablemente.

—Oh, hacemos mucho más que cantar. Las ballenas jorobadas somos conocidas por nuestras largas migraciones. Cada año, viajamos miles de kilómetros entre aguas tropicales cálidas, donde damos a luz, y frías zonas de alimentación, donde nos alimentamos. Es una de las migraciones más largas en el reino animal.

Ángelo parpadeó sorprendido.

—¿Viajáis tan lejos? ¿Y qué coméis cuando llegáis a las zonas de alimentación?

Hera asintió.

—Sí, es un largo viaje, pero las aguas frías están llenas de kril y pequeños peces, que comemos filtrándolos del agua. Usamos nuestras grandes bocas para tomar enormes cantidades de agua, y luego expulsamos el agua, atrapando la comida dentro con nuestras barbas, que son como cerdas que actúan como un filtro.

Ángelo se sorprendió.

—¡Entonces eres una filtradora también, igual que Marco la mantarraya!

—Así es —dijo Hera con una sonrisa—. Nosotras las ballenas jorobadas somos gigantes gentiles, alimentándonos de algunas de las criaturas más pequeñas del océano. Y como comemos tanto, ayudamos a mover nutrientes por todo el océano, al igual que Marco. Nuestras migraciones y nuestra alimentación ayudan a mantener el ecosistema oceánico saludable.

Ángelo nadó alrededor de Hera, fascinado por su tamaño y gracia.

—¡Debes ver tantas cosas durante tus migraciones! ¿Cómo es viajar tan lejos?

Los ojos de Hera brillaban.

—Es una gran aventura. Viajamos a través de aguas tropicales cálidas, mares polares helados y todo lo que hay en medio. A lo largo del camino, ayudamos a repartir los nutrientes por el océano, lo que ayuda a alimentar al fitoplancton y otras pequeñas criaturas. Al movernos entre diferentes partes del océano, ayudamos a mantener todo el sistema saludable.

Ángelo estaba impresionado.

—¡Sois como los viajeros del océano, ayudando a mantener todo conectado!

Hera asintió.

—Sí, las ballenas jorobadas somos una parte clave del ecosistema del océano. Nuestra presencia ayuda a sostener la vida en todos los niveles, desde los pequeños componentes del fitoplancton hasta los grandes depredadores. Pero, como muchas criaturas en el océano, también enfrentamos amenazas.

Las aletas de Ángelo cayeron.

—¿Qué tipo de amenazas?

La voz de Hera se volvió un poco más seria.

—Bueno, las ballenas jorobadas fueron cazadas en grandes cantidades por los humanos en el pasado, y aunque ahora estamos protegidas de la caza, todavía enfrentamos peligros como los choques con barcos, el enredo en redes de pesca y la contaminación. El cambio climático también afecta nuestras fuentes de alimento, ya que las aguas frías de las que dependemos para alimentarnos se están calentando, lo que cambia la disponibilidad del kril y los peces.

Ángelo sintió una punzada de preocupación.

—¡Eso suena tan triste! ¿Hay algo que se pueda hacer para protegerte?

Hera sonrió suavemente.

—Sí, muchas personas están trabajando para proteger a las ballenas jorobadas haciendo que los barcos reduzcan su velocidad en las zonas donde migramos y limpiando el océano para reducir la contaminación. Los esfuerzos de conservación están ayudando a que nuestras poblaciones se recuperen, pero aún queda mucho por hacer.

Ángelo sintió una fuerte sensación de responsabilidad.

—¡Haré todo lo que pueda para ayudar a difundir el mensaje! El océano no sería el mismo sin tus canciones y tus viajes.

Los ojos de Hera se mostraron agradecidos.

—Gracias, Ángelo. Cada voz cuenta, y cada acción ayuda. El océano es vasto y está lleno de vida, y todos dependemos unos de otros para mantenerlo saludable. Al proteger a criaturas como yo, protegemos todo el ecosistema.

Mientras Hera comenzaba a nadar lejos, Ángelo se quedó atrás por un momento, escuchando de nuevo la hermosa canción de la ballena que llenaba el océano. Era un recordatorio de las profundas y misteriosas conexiones que unían a toda la vida en el mar. Ángelo sabía que, aunque el océano era vasto, cada criatura tenía un papel que desempeñar, y trabajando juntos, podían proteger este increíble mundo.

Lección de ecología

- Las ballenas jorobadas son conocidas por sus largas migraciones, viajando miles de kilómetros entre áreas de reproducción en aguas cálidas y zonas de alimentación en aguas frías.

- Usan barbas para filtrar pequeños animales como kril y peces, ayudando a sostener el ecosistema del océano.

- Las ballenas jorobadas enfrentan amenazas como colisiones con barcos, enredos en redes de pesca, y el cambio climático, pero los esfuerzos de conservación están ayudando a protegerlas.

9. TARA LA TORTUGA MARINA Y SU GRAN MIGRACIÓN

El océano se extendía interminablemente, con olas azules meciéndose suavemente en todas direcciones. Bajo la superficie, una solitaria viajera nadaba con gracia a través del agua. Tara, una sabia y tranquila tortuga verde, estaba en una de sus largas migraciones, nadando de un lado al otro del océano. Sus fuertes aletas cortaban el agua con facilidad mientras seguía rutas antiguas conocidas solo por su especie.

Mientras se deslizaba por el agua, Tara vio a lo lejos a Ángelo, un curioso pez Ángel nadando cerca, jugueteando alegremente entre las corrientes. Ángelo vio a Tara y se apresuró hacia ella, fascinado por la enorme tortuga.

—¡Vaya! ¡Eres enorme! —exclamó Ángelo, con los ojos abiertos de asombro—. ¿A dónde vas?

Tara sonrió amablemente al joven pez.

—Hola, pequeño. Estoy de camino a los prados de pastos marinos, muy, muy lejos. Viajo muchos kilómetros a través del océano para encontrar alimento y un lugar seguro donde poner mis huevos.

Ángelo parpadeó sorprendido.

—¿Viajas tan lejos solo para alimentarte y poner huevos?

Tara asintió lentamente.

—Sí, lo hago. Las tortugas marinas como yo somos migradoras. Viajamos grandes distancias entre nuestros lugares de alimentación y las playas donde anidamos. A veces nado durante semanas o incluso meses antes de llegar a mi destino.

Ángelo nadó junto a Tara, intrigado.

—Pero, ¿por qué ir tan lejos? ¿No hay comida aquí?

—La hay —dijo Tara—, pero las tortugas marinas somos muy particulares en cuanto a dónde ponemos nuestros huevos. Regresamos a las mismas playas donde nacimos, ¡aunque puedan estar a miles de kilómetros de nuestros lugares de alimentación! Es parte del ciclo de vida de las tortugas.

Ángelo se maravilló.

—¡Es increíble! ¿Entonces recuerdas la playa donde naciste y nadas hasta allí?

Tara asintió.

—Exactamente. Las tortugas marinas tenemos una conexión especial con los lugares de donde venimos.

Ángelo inclinó la cabeza, intrigado.

—¿Qué más haces durante tu viaje?

Tara sonrió.

—Mi viaje tiene varios propósitos importantes. Uno es alimentarme de pastos marinos, que crecen en aguas costeras poco profundas. Al pastar en los pastos marinos, ayudo a mantenerlos saludables, permitiendo que crezcan más densos y fuertes. Los prados de pastos marinos son importantes para el océano: proporcionan alimento y refugio a muchas criaturas marinas.

Los ojos de Ángelo brillaron.

—¡Así que eres como una jardinera del océano!

Tara sonrió suavemente.

—Esa es una forma de verlo. Los prados de pastos marinos no serían tan saludables sin criaturas como yo que los cuidan. A cambio, me proporcionan el alimento que necesito para sobrevivir.

—¿Pero por qué son tan importantes los prados de pastos marinos? —preguntó Ángelo, cada vez más curioso.

—Bueno —comenzó Tara—, los pastos marinos ayudan a proteger nuestras costas. Desaceleran las corrientes de agua, lo que previene la erosión y protege las líneas costeras. Además, funcionan como viveros para muchas especies jóvenes: peces, cangrejos, y hasta algunos tiburones pequeños se esconden entre los pastos marinos para estar a salvo de los depredadores.

Ángelo nadó pensativo en círculos alrededor de Tara.

—¡No tenía idea de que las tortugas marinas jugaran un papel tan importante en mantener el océano saludable!

Tara asintió nuevamente.

—Es verdad. Mucha gente no se da cuenta de lo conectados que están todos los seres en el océano. Los prados de pastos marinos necesitan a criaturas como yo para prosperar, y a su vez, ellos proporcionan alimento y refugio a incontables especies marinas.

Tara hizo una pausa antes de añadir:

—Pero eso no es todo lo que hago. Otra parte importante de mi viaje es alimentarme de medusas. Al comer medusas, ayudo a controlar su población. Sin tortugas marinas, las medusas podrían multiplicarse demasiado rápido, lo que podría desestabilizar el equilibrio del océano.

Ángelo parpadeó.

—¿Comes medusas? ¿No son peligrosas con sus aguijones?

Tara sonrió.

—Sí, algunas medusas pican, pero mi piel gruesa me protege de sus aguijones. Las medusas son una parte importante de mi dieta.

Ángelo nadó en círculos alrededor de Tara, pensativo.

—Entonces, ¿tú ayudas a mantener en equilibrio tanto los prados marinos como la población de medusas?

Tara asintió.

—Así es. Las tortugas marinas somos lo que llaman especies clave, lo que significa que jugamos un papel crítico en mantener el equilibrio de nuestros ecosistemas. Sin nosotras, los prados de pastos marinos crecerían demasiado y las poblaciones de medusas podrían incrementar en exceso, desestabilizando la cadena alimentaria.

La boca de Ángelo se abrió de par en par.

—Entonces, si algo te pasara, ¿todo el ecosistema estaría en peligro?

Tara asintió tristemente.

—Sí, y las tortugas marinas estamos en peligro. Muchas de nosotras estamos en peligro de extinción debido a la contaminación, el cambio climático y las redes de pesca. A veces, las personas arrojan basura al océano, y confundir el plástico con medusas nos puede hacer daño. Otras veces, quedamos atrapadas en redes destinadas a capturar peces.

Los ojos de Ángelo se llenaron de preocupación.

—¡Eso es terrible! ¿Hay algo que la gente pueda hacer para ayudar?

Tara sonrió.

—Sí, hay personas que están trabajando duro para proteger a las tortugas marinas limpiando las playas y reduciendo la contaminación. También ayudan a rescatar a tortugas que quedan atrapadas en redes o resultan heridas por los barcos. Si más personas se conciencian de los desafíos que enfrentamos, pueden marcar una gran diferencia.

Ángelo nadó más cerca de Tara, sintiéndose inspirado.

—¡Yo también haré mi parte! Contaré a todos los que conozco lo importante que es proteger a las tortugas marinas y mantener limpio el océano.

Tara asintió agradecida.

—Gracias, Ángelo. Cada pequeña ayuda cuenta. El océano es un sistema delicado, y cuando cuidamos de una parte, ayudamos a todo el conjunto. Llevo viajando por los océanos durante muchos años, y he visto los cambios que están ocurriendo. Pero con la ayuda de amigos como tú, podemos trabajar juntos para proteger nuestro hogar.

Mientras Tara continuaba su largo viaje a través del océano, Ángelo le dijo adiós con una ola de su aleta, su corazón lleno de determinación. Había aprendido mucho de Tara y estaba ansioso por compartir su nuevo conocimiento con los demás.

Tara siguió nadando, sus aletas cortando el agua con facilidad. Se sentía esperanzada sabiendo que criaturas como Ángelo estaban ansiosas por proteger el océano y todos sus habitantes. Juntos, mantendrían las aguas saludables y llenas de vida para las generaciones futuras.

Lección de ecología

- Las tortugas marinas son criaturas migratorias que viajan largas distancias entre sus zonas de alimentación y las playas donde anidan.

- Las tortugas marinas ayudan a mantener la salud de los prados de pastos marinos, que a su vez proporcionan alimento y refugio a muchas especies marinas.

- Las tortugas también controlan las poblaciones de medusas, evitando que crezcan demasiado y alteren los ecosistemas marinos.

- Las tortugas marinas son consideradas especies clave, lo que significa que su presencia es crucial para mantener el equilibrio de sus ecosistemas.

- Las tortugas enfrentan amenazas por la contaminación, el cambio climático y las prácticas pesqueras, pero se están realizando esfuerzos para protegerlas mediante programas de conservación y concienciación.

10. LUNA LA MEDUSA Y SU DANZA EN LAS CORRIENTES

El océano brillaba bajo la luz de la luna mientras Ángelo, el curioso pececito, nadaba por las aguas cada vez más oscuras. La luz de la superficie comenzaba a desvanecerse, y a medida que lo hacía, el mar a su alrededor parecía cobrar vida con criaturas brillantes y etéreas. Una en particular captó la atención de Ángelo: una medusa grácil, con largos tentáculos que flotaban detrás de ella como cintas. La campana de la medusa pulsaba suavemente mientras se deslizaba por el agua, brillando tenuemente en la oscuridad.

Ángelo nadó más cerca, fascinado por la belleza de la medusa.

—¡Hola! ¡Eres tan elegante! ¿Quién eres?

La medusa giró con gracia, su cuerpo translúcido brillando.

—Hola, pequeño. Soy Luna, una medusa. Me deslizo con las corrientes del océano, flotando adonde me lleve el agua. ¿Qué te trae por aquí?

—Soy Ángelo —respondió el pez—. He estado conociendo todo tipo de criaturas asombrosas en el océano, ¡pero nunca había visto a alguien como tú! ¡Brillas! ¿Cómo lo haces?

Luna sonrió suavemente, sus tentáculos flotando como hilos delicados.

—Algunas medusas como yo tenemos células especiales llamadas células bioluminiscentes. Estas células nos permiten brillar en la oscuridad, especialmente por la noche. Es una de las formas en que sobrevivimos en el profundo océano. La luz ayuda a atraer a nuestras presas o a confundir a los depredadores que intentan comernos.

Los ojos de Ángelo se agrandaron.

—¡Eso es increíble! ¡Eres como una luz viva en el océano!

—Exacto —dijo Luna—. Pero hay más. Mi cuerpo en forma de campana me ayuda a moverme por el agua pulsando. Aunque no nado rápido, puedo flotar con las corrientes oceánicas, viajando muy lejos sin mucho esfuerzo.

—¡Vaya! —dijo Ángelo—. Eso suena como una forma pacífica de vivir. ¿Pero cómo te alimentas si solo te dejas llevar por las corrientes?

Los tentáculos de Luna flotaban suavemente mientras explicaba:

—Puede parecer que me muevo despacio, pero mis tentáculos están cubiertos de células urticantes llamadas nematocistos. Cuando pequeños animales como plancton o peces diminutos nadan demasiado cerca, mis tentáculos los pican y los atrapan. Luego los llevo hacia mi boca, que está en el centro de mi campana.

Ángelo nadó alrededor de Luna, maravillado por su belleza y por el peligro oculto en sus tentáculos.

—¡Qué inteligente! ¿Pero no te comen los animales más grandes?

Luna rio suavemente.

—Oh, muchos animales intentan comer medusas, como las tortugas marinas e incluso algunos peces. Pero mi cuerpo está compuesto en su mayoría de agua, así que no soy el bocado más apreciado. Además, mis picaduras hacen que algunos depredadores se lo piensen dos veces antes de intentar comerme.

Ángelo reflexionó.

—¡Eres tan diferente a las demás criaturas que he conocido! ¿Tienes un papel especial en el océano como ellas?

La campana de Luna pulsaba suavemente mientras flotaba en la corriente.

—Sí, lo tengo. Las medusas somos parte de la compleja red alimentaria del océano. Mientras me alimento de pequeñas criaturas, también soy una presa para animales más grandes. Ayudamos a mantener el equilibrio en el océano controlando las poblaciones de plancton. A veces, cuando hay demasiadas medusas, puede ser una señal de que el océano está desequilibrado, como cuando la contaminación o el cambio climático afectan a otras especies.

Las aletas de Ángelo se agitaron con preocupación.

—¡Eso suena serio! ¿Significa eso que el océano está en problemas cuando hay demasiadas medusas?

Luna asintió suavemente.

—A veces, sí. Cuando el océano se calienta o se contamina, algunas especies tienen dificultades para sobrevivir, pero las medusas podemos prosperar en estas condiciones. Si hay demasiadas de nosotras, puede causar problemas para los peces y otras criaturas que dependen del plancton para alimentarse. Pero cuando el océano está saludable, solo somos una parte más de un ecosistema equilibrado.

Ángelo nadó más cerca de Luna.

—Entonces, proteger el océano es importante para mantener todo en equilibrio, ¿verdad?

Luna sonrió suavemente.

—Exactamente, pequeño pez. Cada criatura tiene su papel en mantener el océano saludable, y depende de todos nosotros, grandes y pequeños, protegerlo.

Ángelo asintió, sintiéndose profundamente agradecido por lo que había aprendido de Luna.

—¡Gracias por enseñarme, Luna! Eres como una hermosa guardiana de la noche, ayudando a mantener el equilibrio del océano.

Mientras Luna flotaba lejos, brillando suavemente en la oscuridad, Ángelo la observaba con asombro, sabiendo que incluso las criaturas más silenciosas y delicadas tenían un papel importante en el vasto y conectado mundo del océano.

Lección de ecología

- Las medusas son criaturas sencillas pero fascinantes que se dejan llevar por las corrientes oceánicas.

- Algunas usan bioluminiscencia para brillar en la oscuridad y células urticantes para capturar a sus presas.

- Las medusas juegan un papel en el control de las poblaciones de plancton, pero pueden volverse abundantes cuando el ecosistema marino está fuera de equilibrio.

- Un océano saludable mantiene bajo control las poblaciones de medusas, mientras que la contaminación y el cambio climático pueden provocar florecimientos de medusas.

11. PUFFY EL PEZ GLOBO Y SU GRAN SORPRESA

73

Ángelo nadaba cerca de un arrecife de coral, maravillado por los vibrantes peces que se deslizaban entre las estructuras de coral. De repente, un pequeño pez redondeado captó su atención. Tenía unos ojos inusualmente grandes y curiosos, y su cuerpo parecía un poco... hinchado.

—¡Hola! —saludó Ángelo intrigado—. ¿Qué clase de pez eres tú?

El pez se giró y parpadeó con sus grandes ojos.

—¡Hola! Soy Puffy, un pez globo. ¡Encantado de conocerte!

Ángelo nadó más cerca, la curiosidad burbujeando en su interior.

—¿Pez globo? ¡Creo que he oído hablar de vosotros! ¿No sois los que podéis inflaros como un globo?

Puffy esbozó una sonrisa algo tímida.

—¡Sí, ese soy yo! Cuando me siento amenazado, me hincho para asustar a los depredadores. Me hago mucho más grande, y la mayoría de las veces, eso es suficiente para que se lo piensen dos veces antes de atacarme.

Las aletas de Ángelo se agitaron con emoción.

—¡Eso es genial! ¿Cómo lo haces?

Puffy se balanceó ligeramente en el agua, con su cuerpo redondeado flotando.

—En realidad, no es tan complicado. Cuando detecto peligro, trago rápidamente un montón de agua (o aire, si estoy fuera del agua), lo que hace que mi estómago se expanda como un globo. Es mi propio truco defensivo.

Ángelo nadó en círculos alrededor de Puffy, impresionado.

—¡Debes de ser muy valiente! ¿Pero los depredadores siguen intentando atraparte a veces?

Puffy asintió.

—Sí, pero tengo otro truco bajo la manga. Muchos peces globo, como yo, somos muy venenosos. Producimos una toxina llamada tetrodotoxina, que es extremadamente peligrosa para la mayoría de los depredadores. Así que, si me muerden, ¡les espera una desagradable sorpresa!

Los ojos de Ángelo se abrieron de par en par.

—¿Veneno? ¡Vaya, tienes más trucos de los que pensaba! ¡Inflarte y veneno, menuda combinación!

Exactamente —dijo Puffy con un poco de orgullo—. Pero inflarme es siempre mi última opción. Requiere mucha energía, así que prefiero confiar en mis colores o espinas para advertir a los depredadores. La mayoría de las veces, saben que no deben meterse conmigo.

Ángelo asintió, comprendiendo ahora.

—Ya veo. Así que tienes una forma muy inteligente de mantenerte a salvo sin gastar demasiada energía. ¿Y qué haces cuando no te estás inflando o asustando a los depredadores?

—Llevo una vida bastante tranquila. Nado por el arrecife, alimentándome de algas, pequeños crustáceos y moluscos. Uso mis fuertes dientes, que parecen un pico, para romper conchas. De hecho, ayudo a mantener el arrecife limpio al controlar las poblaciones de ciertos invertebrados.

Ángelo estaba aún más asombrado.

—¿Así que también ayudas a mantener la salud del arrecife? ¡No tenía idea de que los peces globo jugaran un papel tan importante en el ecosistema!

Puffy se infló ligeramente de orgullo.

—Sí, los peces globo podemos ser pequeños, pero hacemos nuestra parte para mantener el arrecife equilibrado. Todos tenemos un trabajo que hacer, ¿no?

Ángelo nadó junto a Puffy, sintiéndose inspirado.

—Hoy he aprendido que ninguna criatura es demasiado pequeña para ser importante en el ecosistema del océano. ¡Pareces simplemente adorable y redondeado, pero eres vital para el arrecife!

Puffy sonrió.

—¡Gracias, Ángelo! Todo se trata de usar lo que tienes para sobrevivir y ayudar. A veces, la mejor defensa es una estrategia inteligente.

Mientras Ángelo nadaba alejándose, no podía evitar sonreír, sabiendo que incluso las criaturas más pequeñas del océano tenían formas únicas de contribuir al delicado equilibrio de la vida. Puffy, el ingenioso pez globo, le recordó que el océano estaba lleno de sorpresas.

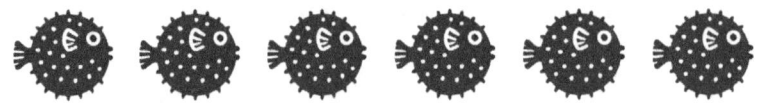

Lección de ecología

- Los peces globo usan un mecanismo de defensa único: se inflan tragando agua o aire para asustar a los depredadores.

- Muchos peces globo contienen una potente toxina llamada tetrodotoxina, que los hace extremadamente peligrosos para los depredadores.

- Los peces globo desempeñan un papel importante en el mantenimiento de la salud del ecosistema del arrecife al alimentarse de invertebrados con caparazón duro, lo que ayuda a regular sus poblaciones.

- Los colores brillantes en algunos peces globo a menudo sirven como señal de advertencia para los depredadores, indicando su toxicidad.

12. CARLOS EL CORAL Y SU COLORIDA COMUNIDAD

Bajo la superficie del océano, donde las aguas eran cálidas y cristalinas, se erguía un majestuoso arrecife de coral, una ciudad bulliciosa construida por diminutas y trabajadoras criaturas a lo largo de cientos de años. Uno de estos incansables residentes era Carlos, un pequeño pero poderoso pólipo de coral.

Carlos podía ser pequeño, pero era una parte vital del enorme arrecife de coral. Su hogar estaba hecho de carbonato de calcio, que había ido construyendo lentamente con el tiempo. Junto con los hogares de millones de otros pólipos de coral, estos esqueletos formaban el arrecife, un ecosistema diverso y lleno de vida.

Un día, Ángelo pasó nadando, maravillado por los colores del arrecife y la actividad que lo rodeaba. Peces de todas formas y tamaños se deslizaban entre los corales, los cangrejos correteaban por el fondo arenoso, y las anémonas se mecían en la suave corriente. Ángelo nunca había visto nada tan vibrante.

—¡Vaya! —exclamó Ángelo, nadando hacia Carlos—. ¡Este lugar es increíble! ¡Es como una ciudad bajo el agua!

Carlos sonrió, moviendo sus delicados tentáculos con gracia en la corriente.

—Bienvenido al arrecife de coral. Soy Carlos, uno de los millones de pólipos de coral que construyeron este lugar.

Ángelo parpadeó, asombrado.

—¿Tú construiste todo esto? Pero ¡eres tan pequeño! ¿Cómo pueden criaturas tan diminutas crear algo tan grande?

—Todo se trata de trabajo en equipo, amigo. Cada uno de nosotros construye un pequeño esqueleto de carbonato de calcio, y cuando vivimos juntos en colonias, esos esqueletos se apilan y crecen con el tiempo. ¡Este arrecife ha estado creciendo durante cientos o incluso miles de años!

Ángelo nadó en círculos, intentando asimilarlo todo.

—¡Eso es increíble! Pero ¿por qué el arrecife es tan colorido? Nunca he visto tantos tonos diferentes en un solo lugar.

Carlos sonrió con orgullo.

—Los colores vibrantes vienen de unas pequeñas algas unicelulares llamadas zooxantelas que viven dentro de nosotros. Nos dan nuestros hermosos tonos, pero lo más importante es que nos ayudan a sobrevivir.

Los ojos de Ángelo se abrieron de par en par.

—¿Algas? ¿Cómo te ayudan?

Carlos explicó:

—Estas algas son nuestras socias simbióticas. Usan la luz solar para realizar la fotosíntesis, produciendo alimento, del cual comparto una parte. A cambio, les doy un lugar seguro para vivir y algunos nutrientes. ¡Es una situación en la que todos ganamos!

Ángelo nadó a través de las intrincadas grietas del arrecife, esquivando a los peces juguetones.

—Entonces, ¿todo este lugar se construye en torno a vuestra relación con las algas?

—Así es —dijo Carlos—. Gracias a la energía que nos proporcionan, puedo seguir creciendo, y el arrecife puede seguir expandiéndose. Esto lo convierte en un hogar para miles de especies, desde peces hasta cangrejos, anguilas e incluso tortugas marinas.

Ángelo estaba fascinado.

—¡Así que no eres solo una roca, estás vivo y creando un hogar para todos estos animales!

Carlos asintió.

—Exactamente. Los corales somos lo que llaman ingenieros del ecosistema. Construimos la base del arrecife, que sostiene una increíble diversidad de vida. Sin nosotros, muchas especies perderían sus hogares y refugio.

Ángelo reflexionó un momento.

—Pero ¿qué pasa si las algas os abandonan? —preguntó preocupado.

Carlos suspiró, con un tono más serio.

—Ese es el problema que enfrentamos con el blanqueamiento de corales. Cuando el agua se calienta demasiado, las algas nos dejan y perdemos nuestro color. Sin ellas, no obtenemos suficiente alimento, y si el estrés continúa, podemos morir.

El corazón de Ángelo se hundió.

—¡Eso suena horrible! ¿Qué causa que el agua se caliente?

—El cambio climático —respondió Carlos—. El aumento de las temperaturas globales está haciendo que el océano se caliente, y eso pone en peligro a los arrecifes de coral de todo el mundo. Si demasiados de nosotros nos blanqueamos, los arrecifes enteros podrían morir, y todas las criaturas que dependen de nosotros estarían en peligro.

Las aletas de Ángelo se agitaron de preocupación.

—¿Hay algo que podamos hacer para ayudar?

Carlos asintió.

—Las personas están trabajando duro para proteger los arrecifes de coral. Están tratando de reducir las emisiones de carbono, detener la contaminación y evitar la sobrepesca. Al igual que nosotros trabajamos juntos para construir el arrecife, los humanos pueden trabajar juntos para protegerlo.

Ángelo nadó más cerca de Carlos, lleno de admiración.

—¡Eres mucho más que una parte del paisaje, eres un protector, un proveedor y una pieza esencial del océano!

Carlos sonrió cálidamente.

—Así es. Los corales tenemos un gran impacto. Cada criatura en el océano tiene su propio papel para mantener el equilibrio. Si todos nos cuidamos, podemos mantener este mundo submarino vivo para las generaciones futuras.

Ángelo agitó su aleta en señal de despedida.

—¡Gracias por enseñarme, Carlos! Contaré a todos lo importante que es proteger los arrecifes de coral.

Carlos agitó uno de sus tentáculos.

—¡Gracias, Ángelo! ¡Difunde el mensaje! Juntos, podemos marcar una gran diferencia.

Mientras Ángelo se alejaba nadando, Carlos se acomodó en su hogar de coral, lleno de esperanza. Sabía que incluso las voces pequeñas podían tener un gran impacto en la protección del futuro del océano.

Lección de ecología

- Los pólipos de coral construyen arrecifes de coral, que son uno de los ecosistemas más diversos del planeta.

- Los arrecifes de coral prosperan gracias a la relación simbiótica entre los corales y las zooxantelas, unas algas diminutas que proporcionan energía a través de la fotosíntesis.

- Los arrecifes de coral proporcionan hábitat y protección a miles de especies marinas, lo que contribuye a la biodiversidad del océano.

- El blanqueamiento de corales ocurre cuando las temperaturas del agua aumentan, lo que provoca que los corales pierdan sus algas y pone en peligro su supervivencia.

13. KIMI EL ALGA GIGANTE Y SU AVENTURA EN EL BOSQUE DE KELP

Ángelo se encontraba flotando en las aguas frescas cerca de un imponente bosque de algas, también llamados kelp. El paisaje era impresionante: inmensas hojas de algas se balanceaban rítmicamente en la corriente como una jungla submarina. El bosque estaba lleno de actividad, desde peces juguetones que nadaban entre las hojas hasta nutrias descansando en la superficie, envueltas en camas de kelp.

Mientras Ángelo se acercaba, divisó a Kimi, su amiga y un orgulloso miembro de la familia de las algas. Kimi, con sus largos frondes de color marrón dorado, anclados firmemente al fondo del mar, agitó uno de sus brazos frondosos en señal de saludo.

—¡Hola, Ángelo! —saludó Kimi alegremente—. ¡Bienvenido a mi hogar, el bosque de algas! Aquí es donde muchas criaturas vienen a vivir y encontrar protección.

Los ojos de Ángelo brillaron con emoción.

—¡Es como una enorme selva submarina, Kimi! ¿Me puedes mostrar todo?

Kimi movió sus frondes con orgullo.

—¡Claro! Sígueme, y te enseñaré por qué este bosque es tan importante.

Ángelo nadó junto a Kimi mientras se adentraban en el bosque. Dondequiera que miraban, había vida. Peces coloridos se deslizaban a través de los largos frondes de Kimi, jugando al escondite entre las hojas. Los cangrejos correteaban por el fondo rocoso, y sobre ellos, las nutrias marinas rompían conchas flotando perezosamente, envueltas en el kelp.

—Este bosque es como una ciudad llena de vida —explicó Kimi—. Proporciono comida y refugio para muchas criaturas. Incluso las nutrias allá arriba me usan para anclarse mientras descansan.

Ángelo estaba asombrado.

—¡No tenía ni idea de que fueras tan importante, Kimi! Pensaba que solo eras una planta moviéndose en el agua.

—Bueno, no soy exactamente una planta. Soy un tipo de alga llamada kelp, y juego un papel fundamental en este ecosistema. Mi raíz, llamada sujeción, me mantiene anclada a las rocas del fondo. No importa cuán fuerte sea la corriente, yo me mantengo en mi lugar. Mis hojas brindan un hogar para incontables criaturas, y además ayudo a calmar las olas.

Ángelo miró a las nutrias, que flotaban contentas.

—¡Parece que todos dependen de ti aquí!

Kimi asintió.

—Así es. Ofrezco alimento para animales herbívoros y refugio para peces, cangrejos y muchas otras especies. Y al igual que los bosques en la tierra, los bosques de kelp ayudan a suavizar las fuertes corrientes oceánicas, dándoles a las criaturas un lugar seguro para vivir.

Ángelo la miró con admiración.

—¡Eres como un árbol en el océano, proporcionando comida, refugio y estabilidad para todos los que están a tu alrededor!

Kimi sonrió, sus frondes moviéndose suavemente.

—Gracias, Ángelo. Pero no soy la única que mantiene este bosque saludable. Las criaturas que viven aquí también ayudan. Algunos invertebrados y los peces comen las algas que intentan crecer en mis hojas.

Ángelo pensó un momento.

—Entonces, todo está conectado, igual que en el resto del océano. Cada criatura aquí juega un papel en mantener el bosque vivo y próspero.

—¡Exactamente! —respondió Kimi—. Desde los más pequeños como tú, hasta las grandes nutrias marinas, todos contribuimos a la salud del bosque de kelp. Eso es lo maravilloso del océano: todos dependemos unos de otros.

Ángelo sonrió ampliamente.

—¡Les contaré a todos mis amigos sobre el bosque de kelp y lo importante que es!

Mientras el día llegaba a su fin, Ángelo agitó su aleta en señal de despedida a Kimi y nadó, sintiéndose orgulloso de ser parte de un mundo tan interconectado. El bosque de kelp no era solo un lugar hermoso, sino un ecosistema próspero donde cada criatura tenía un papel en su salud y éxito.

Lección de ecología

- Los bosques de kelp son uno de los ecosistemas más productivos del océano, proporcionando alimento, refugio y protección a innumerables especies marinas.

- Los bosques de kelp ayudan a mitigar las fuertes corrientes y olas, ofreciendo un hábitat seguro para peces, nutrias marinas y leones marinos.

- Los bosques de kelp también absorben dióxido de carbono, jugando un papel esencial en la regulación de la química del océano y apoyando la vida marina.

14. OCTAVIA LA PULPO Y SU HABILIDAD PARA CAMUFLARSE

El océano bullía de actividad mientras Ángelo nadaba entre los vibrantes arrecifes de coral, maravillado por la belleza de las diversas criaturas a su alrededor. Había conocido muchos animales y plantas increíbles, cada uno con su forma única de sobrevivir y mantener el océano saludable. Pero ese día, algo captó su atención. En la sombra de una gran roca, hubo un destello repentino, como si el color del entorno hubiera cambiado mágicamente. Intrigado, Ángelo nadó más cerca para investigar.

Al acercarse, la roca pareció moverse y, de repente, ¡una criatura apareció donde antes no había nada! Ángelo dio un respingo de asombro. ¡Era un pulpo!

—¡Hola! —saludó Ángelo con asombro—. ¿Cómo has hecho eso? ¡No te había visto!

La pulpo le sonrió astutamente, con sus largos brazos ondulando elegantemente en el agua.

—Eso es porque no quería que me vieras —dijo en tono juguetón—. Me llamo Octavia, y el camuflaje es mi especialidad.

Los ojos de Ángelo se abrieron de par en par.

—¡Eso fue increíble! ¿Cómo cambiaste de color tan rápido?

Octavia extendió sus largos brazos, cambiando su color de un marrón apagado a un azul eléctrico brillante, y luego a un patrón que imitaba perfectamente el coral a su alrededor.

—Puedo cambiar tanto mi color como la textura de mi piel al instante, gracias a unas células especiales llamadas cromatóforos —explicó Octavia—. Estas células me permiten mimetizarme con mi entorno, ocultándome de los depredadores o acercándome sigilosamente a mis presas.

Ángelo nadó alrededor de Octavia, completamente cautivado.

—¡Eso es alucinante! ¿Utilizas el camuflaje para protegerte?

Octavia asintió.

—Sí, es una de mis principales defensas. No tengo un caparazón duro ni dientes afilados, así que, en lugar de luchar, me escondo. Pero eso no es todo lo que puedo hacer.

La curiosidad de Ángelo creció.

—¿Qué más puedes hacer?

Octavia sonrió, con un brillo travieso en sus ojos.

—También soy muy lista. Los pulpos somos algunos de los animales más inteligentes del océano. Podemos resolver acertijos, escapar de lugares estrechos e incluso usar herramientas. Mi cerebro es grande para mi tamaño, y lo uso para averiguar todo tipo de cosas.

Ángelo estaba impresionado.

—¡Vaya! ¿Eres lo suficientemente inteligente como para resolver acertijos?

Octavia recogió una pequeña concha con uno de sus brazos y la abrió con destreza, revelando un pequeño cangrejo en su interior.

—He aprendido a abrir conchas para llegar a la comida que hay dentro. Es una de las muchas formas en las que sobrevivo —explicó.

La boca de Ángelo se abrió de par en par.

—¿Así que usas tu inteligencia para atrapar comida y protegerte?

—Así es —dijo Octavia orgullosa—. No persigo a mis presas como otros depredadores. En su lugar, uso mi astucia. A veces me escondo en una grieta y espero a que la comida venga a mí. Otras veces, siento con mis brazos y atrapo a las criaturas que se esconden en la arena.

Ángelo miró los brazos de Octavia, notando cómo se movían con tanta fluidez.

—¡Tus brazos son increíbles! ¿Los usas todos a la vez?

Octavia rio.

—¡Oh, sí! Mis brazos son muy importantes. Cada uno tiene cientos de ventosas que me ayudan a agarrar objetos, sentir mi entorno e incluso saborear lo que toco. Mis brazos son como cerebros adicionales: pueden pensar y actuar por su cuenta.

Los ojos de Ángelo se abrieron aún más.

—¿Tus brazos pueden saborear cosas? ¡Eso es increíble!

Octavia asintió.

—Sí, mis brazos me ayudan a explorar el océano de maneras que la mayoría de las criaturas no pueden. Puedo colarme en espacios reducidos, agarrar cosas e incluso escapar de depredadores gracias a mi flexibilidad.

Ángelo nadaba en círculos emocionado alrededor de Octavia.

—¡Eres como una superheroína del mar! ¡Puedes cambiar de color, resolver acertijos y escapar de cualquier cosa!

Octavia sonrió, pero su tono se volvió más serio.

—Es cierto, tengo muchas habilidades, pero la vida en el océano puede seguir siendo difícil. Muchos pulpos están en riesgo debido a la sobrepesca y la destrucción de hábitats. A veces, la gente pesca demasiados de nosotros, y eso puede perjudicar a nuestra población.

Las aletas de Ángelo se agitaron de preocupación.

—¡Qué triste! ¿Hay algo que la gente pueda hacer para ayudar?

Octavia asintió.

—Sí. La gente está creando áreas protegidas donde criaturas como yo pueden vivir sin la amenaza de la sobrepesca. También están aprendiendo más sobre lo importantes que somos para los ecosistemas del océano. Cuanto más comprendan, mejor podrán protegernos.

Ángelo nadó más cerca de Octavia, lleno de admiración.

—Tienes razón. El océano no sería el mismo sin criaturas como tú. ¡Me aseguraré de contarles a otros lo importantes que son los pulpos!

Octavia sonrió y cambió de color nuevamente, desapareciendo en el arrecife como un fantasma.

—Gracias, Ángelo. Recuerda, a veces la criatura más inteligente es la que no ves.

Mientras Ángelo nadaba alejándose, se maravillaba de las increíbles habilidades de Octavia. El océano estaba lleno de sorpresas, y sabía que aún quedaban muchos más secretos por descubrir.

Lección de ecología

- Los pulpos son animales increíblemente inteligentes que usan el camuflaje, la resolución de problemas y sus cuerpos flexibles para sobrevivir en el océano.

- Tienen células especiales llamadas cromatóforos que les permiten cambiar de color y textura para mimetizarse con su entorno.

- Cada brazo de un pulpo tiene cientos de ventosas, que les ayudan a agarrar objetos, sentir su entorno e incluso saborear lo que tocan.

- Los pulpos enfrentan amenazas debido a la sobrepesca y la destrucción de hábitats, pero se están llevando a cabo esfuerzos de conservación para protegerlos.

15. MARIBEL LA ESTRELLA DE MAR Y SU GRAN FORTALEZA

Mientras Ángelo nadaba sobre el fondo arenoso del océano, algo inusual llamó su atención: una criatura brillante de color naranja con cinco brazos, moviéndose lentamente por el lecho marino. Su forma resaltaba, pareciendo una estrella contra la arena. Curioso, Ángelo se acercó nadando.

—¡Hola! —saludó Ángelo—. ¿Qué tipo de criatura eres?

La criatura naranja giró ligeramente, revelando pequeños pies en forma de tubos que se movían por debajo de su cuerpo.

—¡Hola, pequeño amigo! —contestó—. Soy Maribel, una estrella de mar.

Ángelo parpadeó sorprendido.

—¿Una estrella de mar? ¡Eso es increíble! Nunca he visto a alguien como tú. ¿Cómo te mueves sin aletas?

Los cinco brazos de Maribel continuaron deslizándose lentamente sobre la arena mientras explicaba:

—Uso cientos de pequeños pies en forma de tubos debajo de mis brazos. Funcionan como ventosas, ayudándome a adherirme a las superficies y a desplazarme por el fondo del océano. No soy rápida, pero puedo moverme a donde quiera.

Ángelo observó, fascinado, los pequeños pies que se movían de manera intrincada.

—¡Qué chulo! Pero, ¿qué comes por aquí abajo?

Maribel rio.

—Te sorprendería saber que soy una depredadora. Me alimento de almejas, mejillones y otros mariscos. Cuando encuentro uno, uso mis brazos para abrirlo. Luego, saco mi estómago a través de mi boca y digiero la almeja directamente dentro de su concha.

Ángelo se quedó boquiabierto.

—¿Puedes sacar tu estómago de tu cuerpo? ¡Eso es raro pero genial! Nunca pensé que una estrella de mar sería una cazadora.

Maribel sonrió.

—Sí, las estrellas de mar tenemos muchas habilidades sorprendentes. Y si uno de mis brazos se lastima o se pierde, ¡puedo hacer que crezca uno nuevo! Tarda tiempo, pero somos maestras en la regeneración.

Los ojos de Ángelo se abrieron de par en par de asombro.

—¿Puedes regenerar tus brazos? ¡Eso es como tener un superpoder!

Maribel asintió.

—Es muy útil cuando los depredadores, como los cangrejos o los peces, nos atacan. Incluso si logran romper uno de mis brazos, con el tiempo crecerá de nuevo.

Ángelo nadaba en círculos alrededor de Maribel, admirando su resistencia.

—Entonces, eres una depredadora fuerte con el poder de regeneración. ¿Pero tienes un papel especial en el océano como las otras criaturas que he conocido?

Maribel se detuvo a pensar.

—Sí, lo tengo. Las estrellas de mar ayudamos a controlar las poblaciones de moluscos como las almejas y los mejillones. Sin nosotras, estos animales podrían sobrepoblarse y desequilibrar el fondo del océano. Algunas estrellas de mar incluso son consideradas especies clave, porque somos cruciales para mantener la salud de todo el ecosistema.

Ángelo se acercó intrigado por el concepto.

—¿Especies clave? Eso significa que eres muy importante, ¿verdad?

Maribel asintió con una sonrisa.

—Sí, significa que, si las estrellas de mar desaparecieran, el equilibrio en el fondo del océano se vería alterado. Demasiados moluscos ocuparían el espacio y desplazarían a otras especies, lo que afectaría a todo el ecosistema. Por eso jugamos un papel vital para mantener el equilibrio.

Ángelo asintió pensativo.

—¡Vaya, Maribel! Eres una protectora silenciosa pero poderosa del fondo marino. No tenía ni idea de lo importante que eres.

Los brazos de Maribel se movieron con gracia mientras respondía.

—Gracias, Ángelo. En el océano, cada criatura tiene su propio papel, no importa lo pequeña o lenta que sea. No siempre se trata de velocidad o fuerza, se trata de mantener el equilibrio. Todos trabajamos juntos para mantener el océano saludable.

Ángelo sonrió.

—He aprendido mucho de ti. Puede que seas tranquila y lenta, ¡pero eres una de las guardianas ocultas del océano!

Los brazos de Maribel se agitaron suavemente.

—Gracias, Ángelo. Recuerda, incluso las criaturas más tranquilas o pequeñas pueden marcar una gran diferencia.

Mientras Ángelo nadaba para explorar más del océano, sintió una profunda apreciación por todas las criaturas que había conocido. Cada una, sin importar su tamaño o velocidad, jugaba un papel esencial en el mantenimiento del equilibrio del océano. Maribel, la estrella de mar, era un ejemplo perfecto de cómo la fuerza y la resistencia vienen en muchas formas.

Lección de ecología

- Las estrellas de mar, también conocidas como estrellas de mar, usan cientos de pequeños pies en forma de tubos para moverse por el fondo del océano y cazar su alimento.

- Son depredadoras de moluscos como las almejas y los mejillones, utilizando sus fuertes brazos para abrir sus conchas y digerir a sus presas.

- Las estrellas de mar pueden regenerar los brazos perdidos, lo que las convierte en criaturas muy resistentes.

- Algunas estrellas de mar son consideradas especies clave, lo que significa que juegan un papel crucial en mantener el equilibrio de sus ecosistemas controlando las poblaciones de sus presas.

16. CONCHITA LA VIEIRA Y SU LUCHA CONTRA LA ACIDIFICACIÓN

Ángelo nadaba por el fondo del mar, maravillado por la variedad de conchas coloridas esparcidas por la arena, cuando notó una que brillaba con la luz. Esta concha no estaba inmóvil como las demás, sino que se movía, abriéndose y cerrándose suavemente con el flujo de la corriente. Intrigado, Ángelo se acercó más.

—¡Hola! —dijo Ángelo, curioso—. ¿Eres una concha viva?

La concha se abrió ligeramente, revelando una suave voz delicada.

—¡Sí, estoy viva! Me llamo Conchita, y soy una vieira. Puede que parezca solo una concha, pero soy una criatura viva, y tengo mis propios desafíos.

Ángelo nadó alrededor de Conchita, admirando el bonito diseño de su concha.

—¡Tienes una concha muy bonita! ¿Cómo la haces?

Conchita sonrió, aunque sonaba algo cansada.

—Construyo mi concha a partir de carbonato de calcio, como hacen otros moluscos. Es mi armadura, me protege de los depredadores y de las fuertes corrientes del mar. Pero últimamente, es más difícil mantener mi concha fuerte.

Ángelo inclinó la cabeza, preocupado.

—¿Por qué es más difícil? ¿Qué está pasando?

Conchita suspiró suavemente.

—Es por algo llamado acidificación del océano. A medida que el océano absorbe más dióxido de carbono de la contaminación, el agua se vuelve más ácida. Esto dificulta que criaturas como yo construyamos y mantengamos nuestras conchas de carbonato de calcio.

Ángelo nadó más cerca, sus aletas se movían con preocupación.

—¿El agua está cambiando y eso afecta a tu concha?

Conchita asintió.

—Sí, el agua ácida debilita mi concha, haciendo que se vuelva más delgada y frágil. Es como intentar construir una casa, pero los materiales se desmoronan. Y no soy la única afectada; muchos otros animales con conchas, como las almejas, las ostras e incluso algunos tipos de plancton, también están teniendo dificultades.

Ángelo se sintió triste al escuchar esto.

—¡Eso suena horrible! ¿Hay algo que podamos hacer para ayudar?

Conchita habló con calma, aunque su tono era un poco triste.

—Los científicos están estudiando formas de proteger el océano. Están trabajando en reducir las emisiones de dióxido de carbono, lo que ayudará a frenar el proceso de acidificación. Cada pequeño esfuerzo cuenta.

Ángelo nadaba en círculos, pensando en el delicado equilibrio del océano.

—¡Eres muy fuerte por sobrevivir a pesar de todo lo que está pasando! ¿Cómo logras seguir adelante?

Conchita sonrió suavemente.

—No es fácil, pero me he adaptado lo mejor que puedo. Me alimento filtrando comida del agua y cierro mi concha bien fuerte cuando las corrientes son fuertes. Pero sé que para que el océano siga siendo saludable, se necesitan cambios más grandes. Todos tenemos que trabajar juntos.

Ángelo asintió, sintiendo una creciente determinación.

—He aprendido mucho sobre cómo todo está conectado en el océano. No me daba cuenta de que el agua misma podía cambiar y afectar a criaturas como tú. ¡Voy a contarles a todos sobre la acidificación del océano y lo importante que es cuidar el medio ambiente!

La concha de Conchita brilló ligeramente mientras contestaba.

—Gracias, Ángelo. Cada pequeña acción cuenta. El océano es resistente, pero necesita nuestra ayuda para seguir así. Juntos, podemos protegerlo para las generaciones futuras.

Mientras Ángelo se alejaba nadando, sintió una profunda sensación de responsabilidad. Conchita, la valiente vieira, le había mostrado que incluso las criaturas más pequeñas enfrentan grandes desafíos en el océano. La acidificación del océano era una amenaza real, y todos tenían que trabajar juntos para proteger el frágil equilibrio de la vida marina.

Lección de ecología

- Las vieiras y otros animales marinos con conchas usan carbonato de calcio para construir sus conchas protectoras.

- La acidificación del océano ocurre cuando el océano absorbe exceso de dióxido de carbono de la atmósfera, lo que hace que el agua se vuelva más ácida.

- El agua ácida debilita las conchas de criaturas como las vieiras, almejas, ostras e incluso algunos tipos de plancton, dificultando su supervivencia.

- Reducir las emisiones de carbono es un paso crítico para frenar la acidificación del océano y ayudar a la vida marina a adaptarse a las condiciones cambiantes.

17. SIMÓN LA ESPONJA MARINA Y SU SILENCIOSO TRABAJO

Ángelo nadaba por las aguas tranquilas y poco profundas cerca de un arrecife de coral, notando algo diferente en el paisaje. Había una peculiar criatura de colores brillantes firmemente arraigada al fondo del océano, con una superficie llena de pequeños agujeros. No parecía moverse, pero Ángelo estaba intrigado.

—¿Hola? ¿Estás vivo? —preguntó Ángelo con cautela.

La criatura no se movió, pero una suave voz respondió:

—Sí, estoy muy vivo. Soy Simón, una esponja marina.

Ángelo parpadeó, perplejo.

—¿Una esponja marina? ¡Pero no te estás moviendo! ¿Cómo sobrevives en el océano si no nadas ni flotas como las demás criaturas?

Simón rio con un sonido suave que parecía venir desde lo profundo de los pequeños agujeros que cubrían su cuerpo.

—Es cierto, no nado ni floto. Pero eso no significa que no esté ocupado. Soy un filtrador, lo que significa que filtro el agua a través de mi cuerpo para capturar diminutos pedacitos de comida, como plancton y materia orgánica. Aunque me quedo quieto, ¡siempre estoy limpiando el agua a mi alrededor!

Ángelo nadó más cerca, fascinado.

—Entonces, ¿simplemente te sientas aquí y dejas que el agua pase a través de ti? Eso suena muy pacífico.

La voz de Simón era cálida y constante.

—Sí, el agua entra por los pequeños poros de mi superficie, trayendo comida y oxígeno. Luego, sale por las aberturas más grandes, y así es como me alimento. Puede parecer simple, pero es mi manera de contribuir al ecosistema. Ayudo a mantener el agua limpia y también proporciono refugio a criaturas pequeñas como camarones y pequeños peces que viven dentro de mí.

Ángelo inclinó la cabeza.

—¡Eres como un filtro viviente de agua! ¡Eso es increíble! ¿Pero cómo te proteges si algo intenta comerte?

Simón mantuvo su tono calmado.

—Puede que no me mueva, pero tengo mis defensas. Algunas esponjas, como yo, producimos químicos que nos hacen saber mal para los depredadores. Es nuestra manera de decir: "¡Busca tu comida en otro lado!"

Ángelo asintió pensativo.

—Así que, aunque no te muevas, estás ayudando a mantener el océano limpio y también te proteges. ¿Qué más hacen las esponjas como tú?

Simón se agitó suavemente mientras respondía:

—Las esponjas marinas somos algunas de las criaturas más antiguas del océano, ¿lo sabías? Llevamos millones de años aquí, haciendo nuestro trabajo silencioso. Además de filtrar agua, ayudamos a construir los arrecifes al crecer a su alrededor. Algunas esponjas incluso tienen esqueletos hechos de espículas, como si fueran pequeños cristales, o fibras fuertes que ayudan a dar estructura al fondo del mar.

Las aletas de Ángelo se agitaron con asombro.

—¡Eres como un guardián antiguo del océano! ¿Y también ayudas a construir los arrecifes?

Simón rio nuevamente.

—Sí, en nuestro silencioso trabajo, contribuimos a la salud y diversidad de los arrecifes de coral. Proporcionamos hábitats para pequeñas criaturas y ayudamos a reciclar nutrientes, manteniendo el sistema en equilibrio. Sin las esponjas, los arrecifes no serían los mismos.

Ángelo nadó en un círculo lento alrededor de Simón, impresionado.

—Puede que no te muevas, pero eres uno de los héroes silenciosos del océano. ¡No tenía idea de lo importantes que son las esponjas para los arrecifes!

La voz de Simón fue cálida y serena.

—Gracias, Ángelo. Las esponjas no somos llamativas, pero jugamos un papel crucial en mantener el océano limpio y saludable. A veces, los trabajadores más silenciosos son los que hacen más cosas detrás de escena.

Ángelo sonrió.

—Estoy aprendiendo que cada criatura tiene un papel que desempeñar, aunque no sea obvio al principio. ¡Gracias por enseñarme, Simón!

Mientras Ángelo nadaba para explorar más del arrecife, sintió un nuevo respeto por la esponja marina, cuyo silencioso trabajo mantenía el océano en equilibrio. Simón le había mostrado que incluso las criaturas más simples podían tener un rol vital en la conservación de la salud del océano.

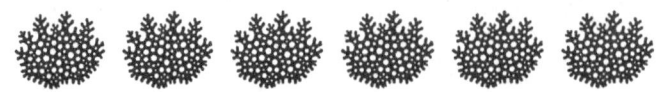

Lección de ecología

- Las esponjas marinas son filtradores, lo que significa que atraen agua a través de sus cuerpos para capturar diminutas partículas de comida como el plancton y la materia orgánica.

- Juegan un papel crucial al mantener el agua limpia y proporcionar refugio a pequeñas criaturas marinas.

- Algunas esponjas producen químicos para disuadir a los depredadores, mientras que otras tienen esqueletos duros hechos de espículas o fibras.

- Las esponjas marinas son criaturas antiguas que han formado parte de los ecosistemas oceánicos durante millones de años, contribuyendo a la salud y estructura de los arrecifes de coral.

18. HERMINIO EL CANGREJO ERMITAÑO Y EL RETO DE LAS MAREAS

Ángelo nadaba hacia la costa, donde las olas acariciaban suavemente las rocas. Era un mundo muy distinto al océano abierto al que estaba acostumbrado. Aquí, el agua subía y bajaba con el ritmo de las mareas, revelando charcas rocosas y parches arenosos. Mientras exploraba, notó una pequeña criatura que corría por la arena, llevando una concha en su espalda.

—¡Hola! —saludó Ángelo—. ¿Qué haces por aquí?

La pequeña criatura se detuvo y miró hacia Ángelo.

—¡Hola! —respondió—. Soy Herminio, un cangrejo ermitaño. Vivo en la zona intermareal, donde la tierra se encuentra con el mar. ¡Siempre estoy buscando una nueva concha para llamar hogar!

Ángelo parpadeó.

—¿Una nueva concha? ¿Pero por qué necesitas una nueva?

Herminio movió sus pequeñas pinzas.

—Bueno, verás, no tengo un caparazón duro propio como otros cangrejos. En su lugar, uso conchas vacías para proteger mi cuerpo blando. A medida que crezco, necesito encontrar conchas más grandes que se ajusten mejor a mí, ¡así que paso mucho tiempo buscando la concha perfecta!

Ángelo nadó más cerca, fascinado.

—¡Qué ingenioso! Entonces, ¿te mudas de una concha a otra a medida que creces?

Herminio asintió orgulloso.

—¡Exactamente! Pero vivir aquí, en la zona intermareal, significa que tengo que ser muy adaptable. Las mareas suben y bajan todos los días, así que a veces estoy bajo el agua, y otras veces estoy expuesto al aire. ¡Tengo que estar preparado para ambos ambientes!

Ángelo inclinó la cabeza, asombrado por la capacidad de adaptación de Herminio.

—¡Eso suena difícil! ¿Cómo sobrevives tanto en el agua como en la tierra?

Herminio sonrió.

—Puede ser complicado, pero tengo algunos trucos bajo la concha. Cuando la marea está alta y el agua cubre la orilla, nado buscando comida como pequeños peces, algas o cualquier cosa que pueda encontrar. Cuando la marea baja, me escondo bajo las rocas o las algas para mantenerme húmedo y evitar secarme al sol.

Ángelo observó cómo Herminio se deslizaba bajo una roca cercana, mostrando cómo se mantenía escondido.

—¡Eres muy adaptable! Pero, ¿no es difícil con el constante cambio de mareas?

Herminio asintió.

—Es cierto, puede ser complicado, pero la zona intermareal es un lugar especial. Aquí viven todo tipo de criaturas, como mejillones, percebes, estrellas de mar y cangrejos como yo. Todos hemos aprendido a adaptarnos a los cambios constantes. A veces estamos bajo el agua, y otras veces estamos al aire libre, enfrentando al sol y al viento.

Ángelo miró a su alrededor, notando la variedad de vida en las charcas rocosas.

—¡Vaya! No me di cuenta de que tantas criaturas vivían aquí. ¡Debe ser emocionante pero también peligroso!

Herminio rio.

—¡Así es! Pero hemos aprendido a vivir con estos desafíos. Cuando la marea está baja, tenemos que vigilar a los depredadores como las aves. Y cuando la marea está alta, las olas pueden ser bastante fuertes. Pero hemos aprendido a adaptarnos a estos cambios, y eso es lo que hace que la zona intermareal sea tan especial. Siempre está cambiando, y nosotros hemos aprendido a vivir con ello.

Ángelo admiró la resiliencia de Herminio.

—¡Eres como un maestro de dos mundos: tanto de la tierra como del mar! Debe ser difícil, pero has encontrado la manera de sobrevivir, pase lo que pase.

Herminio sonrió con orgullo.

—¡Gracias, Ángelo! Vivir aquí me ha enseñado a ser flexible y a estar preparado para cualquier cosa. No importa lo difíciles que se pongan las cosas, siempre hay una forma de adaptarse.

Ángelo sonrió cálidamente.

—He aprendido mucho de ti, Herminio. Puede que seas pequeño, pero ¡eres una de las criaturas más adaptables que he conocido!

Mientras Ángelo se alejaba nadando, reflexionó sobre las siempre cambiantes mareas y cómo criaturas como Herminio habían aprendido a prosperar en ambos mundos. Herminio, el cangrejo ermitaño, le mostró que la vida en el borde del océano requería ingenio, adaptabilidad y la capacidad de sobrevivir en condiciones que cambiaban constantemente.

Lección de ecología

- Los cangrejos ermitaños viven en la zona intermareal, donde experimentan tanto condiciones bajo el agua como en la tierra según las mareas.

- Son carroñeros que usan conchas vacías para proteger sus cuerpos blandos y deben encontrar conchas más grandes a medida que crecen.

- La zona intermareal es el hogar de muchas especies que se han adaptado a un entorno cambiante, enfrentándose a las olas del océano y la exposición al aire.

- Las criaturas en la zona intermareal deben ser altamente adaptables para sobrevivir a los constantes cambios causados por las mareas.

19. DARLA, LA PEZ ABISAL Y SU SEÑUELO LUMINOSO

El océano se volvía más oscuro a medida que Ángelo nadaba más y más profundo, lejos de los brillantes arrecifes de coral y las aguas iluminadas por el sol a las que estaba acostumbrado. A medida que la luz desaparecía, Ángelo se encontró en un mundo sombrío, donde el agua era fría y la presión era intensa. Justo cuando se preguntaba si habría vida en un lugar tan oscuro, vio una suave luz brillar a lo lejos.

Curioso, Ángelo nadó hacia la luz. Provenía de un pez de aspecto inusual, con un cuerpo largo y espinoso y dientes afilados. El pez tenía un señuelo brillante colgando de su cabeza, iluminando las oscuras aguas abisales a su alrededor.

—Hola —dijo Ángelo, algo nervioso—. ¿Quién eres?

El pez, con grandes ojos, parpadeó y mostró una sonrisa llena de dientes afilados.

—Soy Darla, un pez abisal. Bienvenido a las profundidades del océano, pequeño pez.

Ángelo dudó un poco.

—¿Las profundidades del océano? Nunca había estado tan abajo. ¡Está todo tan oscuro aquí!

El señuelo de Darla se balanceaba suavemente, emitiendo un resplandor fantasmal en las oscuras aguas.

—Sí, este es el abismo, donde la luz del sol no llega nunca. Hace frío, está oscuro y la presión es intensa. Pero este es mi hogar, y me he adaptado para sobrevivir en estas condiciones extremas.

Ángelo nadó alrededor de Darla, fascinado por su señuelo brillante.

—¡Esa luz! ¿Cómo haces que brille?

Darla sonrió con más amplitud, mostrando sus afilados dientes.

—Se llama bioluminiscencia. Tengo unas bacterias especiales en mi señuelo que producen luz. Lo uso para atraer a mis presas en la oscuridad. Cuando los peces pequeños u otras criaturas ven mi luz, nadan hacia ella, pensando que es algo que pueden comer. ¡Pero soy yo quien se lleva el bocado!

Los ojos de Ángelo se agrandaron.

—¡Es una manera muy inteligente de cazar! Pero debe ser difícil encontrar comida aquí abajo.

Darla asintió.

—Sí, la comida es escasa en el abismo, así que los animales como yo tenemos que ser pacientes. No necesitamos comer tan a menudo, pero cuando lo hacemos, tenemos que asegurarnos de atrapar a nuestra presa. Muchos animales de las profundidades del océano, como yo, se han adaptado para sobrevivir con muy poca comida y luz.

Ángelo nadó más cerca, notando la apariencia única de Darla.

—Te ves muy diferente de los peces que he conocido cerca de la superficie. ¿Por qué es eso?

—Los seres de las profundidades marinas hemos evolucionado para vivir en este ambiente tan duro. Mis ojos grandes me ayudan a ver en la oscuridad, y mis dientes afilados aseguran que cuando atrapo a una presa, no la pierda. No nado rápido, pero cada movimiento cuenta.

Ángelo pensó por un momento.

—Parece que la vida en el fondo del océano es dura, pero te has adaptado de maneras increíbles. ¿Otros animales aquí también brillan como tú?

El señuelo de Darla parpadeó mientras respondía.

—¡Oh, sí! La bioluminiscencia es común en las profundidades del océano. Muchos animales usan la luz para comunicarse, encontrar pareja o confundir a los depredadores. En la oscuridad, la luz es una de las pocas herramientas que tenemos para sobrevivir. Desde medusas hasta calamares, la luz es clave para la vida en las profundidades.

Ángelo nadó en círculos alrededor de Darla, lleno de asombro.

—¡El fondo del océano es tan diferente de donde vivo, pero es igual de fascinante! Tú y los otros seres de las profundidades habéis creado vuestro propio mundo especial aquí abajo.

Los ojos de Darla brillaron en la luz de su señuelo.

—Así es. Aunque estemos lejos de la superficie, también somos parte del ecosistema del océano. Las profundidades del mar pueden parecer duras y vacías, pero están llenas de vida. Hay tanto por descubrir aquí.

Ángelo sonrió.

—Gracias por mostrarme tu mundo, Darla. Nunca olvidaré lo increíble que es el fondo del océano y cómo las criaturas como tú habéis encontrado maneras de sobrevivir en un entorno tan desafiante.

Mientras Ángelo se alejaba nadando, sintió un nuevo respeto por el profundo y misterioso mundo del océano abisal. Darla, la pez abisal, le había mostrado que incluso en los lugares más oscuros, la vida encuentra una forma de prosperar.

Lección de ecología

- Los peces abisales viven en las profundidades del océano, donde no llega la luz del sol, y algunos usan bioluminiscencia para atraer a sus presas.

- La bioluminiscencia es una adaptación común en las profundidades del océano, donde muchos animales producen luz para cazar, comunicarse o evitar depredadores.

- Las criaturas de las profundidades marinas están adaptadas para sobrevivir en condiciones extremas, con poca comida, temperaturas frías y gran presión.

- La vida en las profundidades del océano es difícil, pero juega un papel importante en el ecosistema marino, y muchas de sus criaturas aún están por descubrirse.

20. PENNY, EL PINGÜINO Y SU AVENTURA POLAR

Ángelo nadaba por las frías aguas del océano, notando cómo la temperatura a su alrededor descendía rápidamente. A medida que avanzaba, se encontró en un lugar del que solo había oído hablar: las gélidas aguas de las regiones polares. El agua estaba llena de trozos de hielo flotantes, y el mundo parecía más tranquilo, pero lleno de vida.

De repente, Ángelo vio una elegante criatura en blanco y negro que se deslizaba con agilidad por el agua fría. Era rápida, ágil y parecía completamente en su elemento en aquellas heladas temperaturas. Intrigado, Ángelo nadó más cerca.

—¡Hola! —llamó Ángelo—. ¿Quién eres?

La criatura se dio una vuelta en el agua y emergió a la superficie, sonriendo amigablemente a Ángelo.

—¡Hola! Soy Penny, un pingüino. ¡Bienvenido a las regiones polares, donde el agua es fría pero la vida prospera!

Ángelo tembló un poco.

—¡Está tan frío aquí! ¿Cómo sobrevives en aguas tan heladas?

Penny rio.

—Sí que hace frío, pero los pingüinos como yo estamos especialmente adaptados para sobrevivir aquí. Tengo una gruesa capa de grasa que me mantiene caliente, y mis plumas son impermeables, así que el agua fría no me afecta. ¡Además, soy una gran nadadora!

Ángelo observó cómo Penny se zambullía con facilidad en el agua y nadaba con increíble rapidez.

—¡Eres una nadadora asombrosa! Pero, ¿cómo encuentras comida en un ambiente tan duro?

Penny volvió nadando hacia Ángelo, sus ojos brillando de emoción.

—¡Es cuestión de ser ingeniosa! Cazo peces, kril y calamares en las aguas frías. Mi cuerpo está diseñado para bucear profundamente, y puedo aguantar la respiración durante mucho tiempo. Puede que parezca torpe en tierra, ¡pero en el agua estoy hecha para la velocidad y la agilidad!

Ángelo inclinó la cabeza.

—¡Eres tan rápida! Pero, ¿no es difícil encontrar comida con todo este hielo?

Penny asintió, su expresión se volvió un poco más seria.

—Sí, puede ser todo un reto, especialmente con los cambios en el clima. Verás, el hielo de las regiones polares está derritiéndose porque la Tierra se está calentando. Esto afecta a los animales que dependen del hielo, como los osos polares en el Ártico y los pingüinos como yo en la Antártida. El kril, del que me alimento, depende del hielo para sobrevivir, así que cuando el hielo se derrite, ¡se vuelve más difícil para todos nosotros encontrar comida!

Las aletas de Ángelo se agitaron preocupadas.

—¡Eso suena terrible! ¿Qué se puede hacer para ayudarte a ti y a los demás animales que viven aquí?

Penny nadó más cerca, su voz era calmada pero decidida.

—¡Todavía hay esperanza! Los científicos están estudiando formas de proteger las regiones polares y reducir los efectos del cambio climático. También se está trabajando para reducir la contaminación y las emisiones de carbono, lo que puede ayudar a frenar el calentamiento de la Tierra. Si protegemos nuestros océanos y a las criaturas que viven aquí, ¡todavía podemos marcar la diferencia!

Ángelo asintió pensativo.

—No me di cuenta de cuánto afectaba el cambio climático a las regiones polares. ¡Pero pareces tan fuerte y adaptable!

Penny sonrió cálidamente.

—¡Así es! Los pingüinos somos muy resistentes, y hemos sobrevivido en este ambiente duro durante mucho tiempo. Trabajamos juntos en colonias para mantenernos calientes, y nunca nos rendimos. Pero, aun así, necesitamos el hielo, y también lo necesitan muchas otras criaturas en las regiones polares. Al proteger el hielo, protegemos todo el ecosistema.

Ángelo nadó al lado de Penny, sintiéndose inspirado por su resiliencia.

—¡Eres como la heroína de los océanos polares, sobreviviendo en uno de los entornos más difíciles del planeta! ¡Haré todo lo posible por compartir lo que he aprendido sobre ti y tu mundo!

Penny hizo una vuelta juguetona.

—¡Gracias, Ángelo! Cada pequeño esfuerzo cuenta. Las regiones polares pueden estar lejos, pero lo que sucede aquí afecta a todo el océano. ¡Todos estamos conectados, sin importar dónde vivamos!

Mientras Ángelo nadaba alejándose, sintió una profunda admiración por los pingüinos y otras criaturas que llaman hogar a las frías aguas polares. Penny, la pingüino valiente y aventurera, le había mostrado que, incluso en los ambientes más extremos, la vida podía prosperar, y que la salud de las regiones polares era crucial para todo el océano.

Al final de su increíble viaje, Ángelo regresa a su hogar en el arrecife, lleno de nuevos conocimientos y listo para contribuir al ecosistema con su propia función. Ha comprendido que cada ser en el océano, grande o pequeño, juega un papel esencial en mantener el equilibrio de su mundo marino. Con gratitud y amor por el océano, Ángelo promete cuidar de su entorno y de todos los amigos que ha conocido en el camino, sabiendo que juntos mantienen el océano saludable y lleno de vida.

Lección de ecología

- Los pingüinos están bien adaptados para vivir en aguas frías, con una capa de grasa para mantenerse calientes y plumas impermeables para protegerlos del frío.

- Son cazadores hábiles, alimentándose de peces, kril y calamares en los océanos polares.

- Los pingüinos dependen del hielo marino para encontrar su alimento, y el cambio climático está derritiendo ese hielo, lo que amenaza su hábitat y el de otras especies que dependen de él.

- Proteger los ecosistemas polares es vital para asegurar la supervivencia de los pingüinos y de muchas otras especies afectadas por el calentamiento global.